The Japanese Association of Financial Econometrics and Engineering

ジャフィー・ジャーナル｜金融工学と市場計量分析

# リスク管理・保険とヘッジ

日本金融・証券計量・工学学会◎編集

中妻照雄　山田雄二　今井潤一［編集委員］

朝倉書店

# はしがき

JAFEE (日本金融・証券計量・工学学会) は，広い意味での金融資産価格や実際の金融的意思決定に関わる実証的領域を研究対象とし，産学官にわたる多くのこの領域の研究・分析者が自由闊達な意見交換，情報交換，研究交流および研究発表するための学術的組織として，1993 年 4 月の設立以来，日本国内の研究水準を国際的水準に高めることを目標として積極的な活動を行ってまいりました．2016 年度は，8 月に成城大学で夏季大会が，そして 2017 年 2 月には武蔵大学で冬季大会が開催されました．いずれの研究大会でも，数理ファイナンス的な理論研究，工学的貢献を目指すフィナンシャルエンジニアリング研究，統計的手法を駆使した実証分析，実務に役立つことが期待される応用研究と様々な研究成果が報告され，JAFEE らしい多様性を感じさせるものでした．加えて，さらなる国際化を進めるために，定例研究大会における国際セッションの実施や英語版の JAFEE ウェブサイトの公開も行われています．

本書は，JAFEE の和文機関紙であるジャフィー・ジャーナルの第 16 巻です．JAFEE が出版する和文誌ジャーナルは，1995 年 9 月に第 1 巻目が発行されて以来，これまで様々な切り口で特集テーマを設定し，論文を募集，審査，出版してきました．今回は，『リスク管理・保険とヘッジ』をテーマとして特集を組みました．ファイナンスにおいてリスク管理は，もっとも基本的かつ重要な研究テーマの一つですが，その捉え方は分野によって様々です．例えば銀行にとってリスク管理における最大の関心ごとは与信先の信用リスクでしょうし，証券会社にとっては投資対象となる株式等資産価格の変動リスク，保険会社にとっては死亡率や事故率のような将来の保険金支払額に関するリスクといったように，各分野によって興味の対象は異なるでしょう．しかし，ファイナンスにおいては，(分野や業界は違えど) 金額という数値化された基準の下でリスクを計量化する点は共通であり，数値化された情報を取り扱うための手法も，統計的手法や確率論，数値最適化手法など，一旦定式化してしまえば同じ土台の上で議論することができます．その意味で，今回の特集号テーマでもあるリスク管理は，ファイナンス理論の異なる分野間での実務適用や応用を見据えたさらなる発展を図る上で，何度繰り返しても色あせないテーマといえるでしょう．

本書では，厳正な査読審査の結果，特集テーマから5件の論文を，そして一般論文として1件の論文を採択しました．いずれの論文も先端的なテーマ，新たな分析手法，これまでにない実証結果の導出を試みており，ファイナンス研究に従事している専門家から，実務家まで幅広い読者の興味に応えられる論文集であると考えております．

特集論文

1. 「CoVaR によるシステミック・リスク計測：確率的コピュラによる比較分析 (監物輝夫)」
2. 「リスクベース・ポートフォリオの高次モーメントへの拡張 (中川慧)」
3. 「逐次推定・最適化に基づく生命保険負債の動的ヘッジ戦略 (穴山裕司・山田雄二)」
4. 「Contingent Capital を用いた銀行のリスク管理に関する研究 (岩熊淳太・枇々木規雄)」
5. 「創業企業の信用リスクモデル (尾木研三・内海裕一・枇々木規雄)」

一般論文

6. 「外国為替取引におけるクラスタ現象のモデル化 (佐久間吉行・横内大介)」

2017 年 2 月

チーフエディター：中妻照雄

アソシエイトエディター：山田雄二・今井潤一

# 目　　次

# 特集「リスク管理・保険とヘッジ」によせて

特集号世話人
山　田　雄　二

## 1　特集号のねらい

本特集号論文募集の告知開始とちょうど同じ時期 (2016 年 2 月中旬) に，日銀がマイナス金利を導入したとのニュースがリリースされました．さらにその 1 ヶ月半後 (2016 年 4 月) には電力市場が完全自由化され，電気という日常生活に不可欠なものまでが，市場原理によって自由に価格付けされる時代に突入するようになりました．また，数年前まで高騰し続けることが大いに懸念された原油価格も，先物相場においてピーク時の約 8 割も値を下げるなど，ここ数ヶ月だけでも，金融市場を取り巻く環境は刻々と変化を遂げていることが分かります．このような状況下において，企業や家計に関わらず，将来の不確実性や予期せぬ損失に備えるためのリスク管理や保険，また関連するヘッジ手法は新たな局面を迎えつつあるものと捉えることができるでしょう．

金融工学の本来の目的が，(お金儲けではなく) 金融資産の適切な価格付けと派生証券等の導入によるリスク管理とヘッジであることはいうまでもありません．このようなリスク管理においては，モデルの構築が重要な役割を果たしますが，特に金融工学においては，数理モデルに基づく定量的なモデルを構築することが多いかと思います．しかしながら，サブプライムローン危機や続いて起こったリーマンショックにおいては，構築した数理モデルや過去データに基づいて推定したモデルパラメータでは想定されなかった事象によって，予想外の損失が起こった可能性が指摘されております．これは，定量的なモデルに限界があることを指すのでしょうか．

数理ファイナンスのテキスト “Stochastic calculas for finance”(Shreve (2004)) の執筆者としても有名なカーネギーメロン大学の Shreve 教授は，サブプライムローン問題が表面化し金融工学 (の研究者) が少なからず矢面に立たされた頃，“Don't blame the quants” という記事 (Shreve (2008)) で以下のようなコメントを述べております．

> ..., the only way to avoid a repetition of the current crisis is to measure and control all their risks, including the risk that their models give incorrect results.
> (現在の危機が繰り返すことを避ける唯一の方法は，モデルが正しくない結果を与えるというリスクを含む全てのリスクを測定しコントロールすることである.)

モデルが (現実に起こっている事象に対して) 正しくない結果を与えるリスクについては，「汎化性 (Generality)」や「頑健性 (Robustness)」をキーワードに論じられることがあります．汎化性は，モデルの構築・パラメータ推定・検証の過程における学習データと未知データ，あるいは過去データと将来の観測データとの間に生じるモデル適合性 (の差異) を表すのですが，特に，表現能力の高いモデルが学習データに過度に適合する一方，未知データに対しては適合度が低下する可能性があることを示唆します．また，頑健性は，推定パラメータと真のパラメータ，あるいは推定モデルと真のモデルとの間のギャップに関するものですが，ある評価軸のもとで，これらのギャップが許容範囲に収まるかどうかを見積もった上でモデルを構築する際に用いられます．このように，モデルが現実に起こった事象と比べて誤った結果を与えるリスクについては，従来から幾つかの枠組みで議論され，それらを考慮した上で定量的なモデルを構築する試みはすでに行われております．

ただし，サブプライムローン問題のような市場全体がパニックに陥るほどの危機においては，投資家心理であるとか，取引が市場に影響を与えさらに資産価値の下落を引き起こす循環やデフォルトの連鎖といった，これまでの金融工学におけるモデルでは直接的に表現することが困難な要因もあるように見受けられます．その意味では，現状のアプローチのみでは限界がある可能性を認識しつつ，新しい可能性を模索することは重要です．また，リスク管理という不変的なテーマについて，常に時代に沿った課題解決のためのモデル構築や検証を続けていくことは，金融工学を主たる研究テーマの一つとする学会の刊行するジャーナルが果たすべき役割と考えられます．そこで，本ジャフィージャーナルでは，リスク管理という金融工学分野の原点に立ち返りつつ，新たな発見につながる研究成果を募集することを念頭に，「リスク管理・保険とヘッジ」というテーマで特集号を企画しました．なお，過去の特集号では用いられていない保険とヘッジもタイトルとして掲げられておりますが，保険商品の適切な利用はリスクをコントロールする上で重要な役割を果たすこと，また，金融工学分野の金字塔でもある Black-Scholes モデルも，複製ポートフォリオの構成というヘッジ手法を背景としており，リスク管理においてヘッジは基本であるものと考えられることから，今回はリスク管理と並列する形で保険とヘッジをキーワードとして付け加えました．結果として，伝統的なリスク管理に焦点を当てた論文のみならず，バラエティに富む内容の論文を募集することができたように思われます．

## 2　特集論文の概要

前節で述べた背景の下，本特集号では，理論から応用，実証に至るまで幅広いテーマに関する論文を募集し，以下の 4 本の論文が採用されました．もちろん，4 本とも，厳正な査読と修正のプロセスを経て，匿名レフリーから最終的に採択の判断がなされたものです．以下は，これらの論文の概要です．また，一般論文としても興味深いテーマの論文が 1 本採択されておりますので，合わせて概要を紹介いたします．

**(1)「CoVaR によるシステミック・リスク計測：確率的コピュラによる比較分析」(監物)**

2007〜2008 年に発生した金融危機において，損失の拡大が金融システム全体に波及しシステミック・リスクが顕在化したことを背景に，現在も様々な方法でシステミック・リスクに関する分析が進められている．本論文は，それらの研究の一つとして位置付けられるが，特にここでは，システミック・リスクにおける計測手法のうち，CoVaR および D-CoVaR と呼ばれるリスク指標に着目し，その特徴や性質について整理するとともに，金融危機時におけるシステミック・リスク顕在化前後における依存構造の変化について分析を行っている．具体的には，従来から用いられている CoVaR の動的な評価方法のほか，新たに確率的コピュラモデルを用いて CoVaR を動的に評価し，国内データに対する実証分析を実施している．さらに，本論文では，設定した CoVaR および D-CoVaR の水準に対し，周辺分布の分散が時間依存する動的なモデルを用いてシステミック・リスクを評価し，確率的コピュラモデルが DCC-GARCH モデルおよび TVP コピュラモデルと比較して依存関係を柔軟に評価されることを，周辺分布の分散を固定させる静的なモデルを用いて示している．

**(2)「リスクベース・ポートフォリオの高次モーメントへの拡張」(中川)**

2008 年のリーマンショック以降，推定が困難な期待リターンを必要とせず，リスクのみに基づきポートフォリオを構築する方法が，伝統的な平均分散法に代わって実務を中心に注目を集めている．このようなリクスベースのポートフォリオ構築手法としては，最小分散ポートフォリオ，リスクパリティ・ポートフォリオ，最大分散度ポートフォリオなどが代表的であるが，これらのリスクベースのポートフォリオ構築手法は，リスクを分散共分散行列 (あるいは 2 次モーメント) のみで捉えている一方，実際の資産収益率分布においては，非正規性，すなわち歪み (3 次モーメント) や尖り (4 次モーメント) などのテールリスクが観測される．このような問題に対し，本論文では，テールリスクまで考慮したリスクベースのポートフォリオ構築手法について考察している．具体的には，高次モーメントを考慮することにより，代表的なリスクベース・ポートフォリオである最小分散ポートフォリオ，リスクパリティ・ポートフォリオ，最大分散度ポートフォリオのいずれにおいても事後的な歪度・尖度特性が改善し，パフォーマンスも改善することを，実際の価格データを用いた資産配分の実証分析によって確認している.

**(3)「逐次推定・最適化に基づく生命保険負債の動的ヘッジ戦略」(穴山・山田)**

従来からのアセット・ライアビリティ・マネジメント (Asset Liability Management; 以下 ALM) は, 将来の死亡率や利子率の変動を考慮しない原価主義基準である. 一方, 死亡率の変動や利子率の低下は, 保険会社にとって, 支払額の増加や保有資産価値の棄損に伴う損失の過小評価などのリスク要因となる. そのため, 近年は, 資産と負債を市場整合的に評価し, その差額であるサープラス (資本余剰金) の時間的変動を考慮した経済価値ベースの ALM に移行しつつある. 以上を背景に, 本論文では, 保険会社が販売する生命保険負債を空売り証券と見なし, その将来キャッシュフローの現在価値によって与えられる負債価値の時間的な変動に対する資産側の動的ヘッジ戦略を, 経済価値ベース ALM の枠組みの下で提案している. 具体的には, 負債および資産の将来キャッシュフローを予測 (あるいは確率モデルを用いたシナリオを生成) した上で, 損失を抑制するための最適化問題を定式化し, 各期で再推定したモデルパラメータに対して計算される最適投資配分比率を用いてリバランスを行うという, 逐次推定と最適化を交互に繰り返す動的ヘッジ戦略を構築している. ただし, 各期の最適化問題としては, 条件付きバリュー・アット・リスク (Conditional Value at Risk; 以下 CVaR) 最小化を適用し, 将来キャッシュフロー予測に基づく条件付き期待損失を低減化している. さらに, 日本市場における 1995 年 12 月から 2014 年 12 月の期間の実績データに対して実証分析を実施し, 取引コストに対するペナルティを考慮した上でも, 累積サープラスによって与えられる損失が抑制されることを示している.

**(4)「Contingent Capital を用いた銀行のリスク管理に関する研究」(岩熊・枇々木)**

世界的な金融危機を経て, 銀行は経営悪化時の損失吸収力を高めることが求められている. このような背景の下, バーゼル III では, 自己資本比率の悪化時や規制当局判断による実質破綻時に株式転換や元本の削減が行われる債権である Contingent Capital のみが資本性証券として認められるようになり, 効率的に経営悪化時の自己資本の充足度を高め，銀行を安定化させるツールとして，その役割に期待が高まっている．一方，中長期的なリスク管理の観点からContingent Capitalが銀行に与える影響を分析する場合，銀行の収益構造やリスク特性を考慮することは重要な問題である．しかし，Contingent Capitalは転換条項や元本削減条項が含まれることから様々な要因と複雑に相互依存し，その影響を適切に把握することは困難である．以上を背景として，本論文では，銀行の持つ様々なリスク特性と収益構造に着目したモデルを構築し，Contingent Capitalが銀行の中長期的なリスク管理に与える影響についてモンテカルロ・シミュレーションを用いた分析を行っている．分析の結果，Contingent Capitalは銀行のテールリスクの削減に大きく貢献し，本来の目的である損失吸収力の向上につながる可能性が高いことが示されている．さらに，必要以上にトリガー水準を高く設定しても，銀行の破綻確率や自己資本の毀損確率は低下せず，それ以上の損失吸収力の向上のためにはContingent Capitalの発行量が大きな影響を持つことが考察されている．

### (5)「創業企業の信用リスクモデル」(尾木・内海・枇々木)

わが国では，80年代後半から企業数の減少が続いており，創業を増やすため，政府は様々な支援策を打ち出している．この動きを受けて，銀行も創業企業への融資を積極化しているが，その一方で，創業企業の信用リスク計測が課題になってきている．特にこれから創業する企業は決算書がないため，主に決算書の数値から統計手法を用いて信用リスクを数値化する既存の信用リスクモデルは使用できない．以上を背景として，本論文では，日本政策金融公庫が保有する34,470社の創業企業の創業前の非財務変数を用いて，創業企業の信用リスクモデルを構築している．説明変数の選択にあたっては，デフォルト要因を「人的要因」「金融要因」「業種要因」の三つのカテゴリーに分けて，ロジット分析を適用している．分析の結果，人的要因として「開業の計画性」「斯業経験年数」「年齢」などが有意になり，経営に必要な知識や体力が創業者に備わっていることが企業の継続に影響を与えることが示唆されている．また，金融要因としては，創業者の資産負債状況が有意になり，創業者個人の資金調達力も影響を与えることが示される．さらに，デフォルト率の低い業種グループは収益率が高いか競争が少ないという特徴がある一方，デフォルト率が高い業種グループは，収益率が低いか競争が激しいという，業界の経営環境を表す特徴も抽出されている．

**(6)「外国為替取引におけるクラスタ現象のモデル化」(佐久間・横内)**

本論文では，為替 Tick データに現れる，為替取引のクラスタ現象を説明する統計モデルを提案している．まず，本研究の先行研究である Shibata (2006) では，各クラスタ内の為替取引発生に対して定常ポアソン過程を仮定することで，クラスタの検出法の確立および為替の対数取引価格差がラプラス分布することを示し，平常時のデータを用いて提案モデルの当てはまりを確認している．つぎに，本研究では，先行研究の仮定を一部変更し，取引発生に対してはより柔軟な複合ポアソン過程を仮定することで，新たなクラスタの検出方法を提案している．さらに，本論文では，先行研究では用いられなかった異常時 Tick データ，具体的には 2010 年のフラッシュクラッシュ時のデータを用いて，クラスタ検出法と各分布の適合度の比較が行われている．その結果，取引が活発な時間帯では，提案モデルの近似精度が先行研究のそれより高いことが示されている．

〔参考文献〕

S.E. Shreve (2004), *Stochastic Calculus for Finance I,II*, Springer.

S.E. Shreve (2008), “Don’t Blame The Quants,” Forbes (`http://www.forbes.com/2008/10/07/securities-quants-models-oped-cx_ss_1008shreve.html`).

# 特集論文

# 1　CoVaRによるシステミック・リスク計測：確率的コピュラによる比較分析 *

監物輝夫

**概要**　2007〜2008年における金融危機では，損失の拡大が金融システム全体に波及したことによりシステミック・リスクが顕在化し，現在，様々な方法でシステミック・リスクに関する解析が進められている．本稿では，システミック・リスクにおける計測手法のうち，CoVaR及び$\mathcal{D}$-CoVaRに着目し，特徴や性質について整理するとともに，金融危機時におけるシステミック・リスク顕在化前後における依存構造の変化について，現在までに研究が進められているCoVaRの動的な評価方法のほか，本稿では新たに確率的コピュラモデルを用いてCoVaRを動的に評価し，日本のデータを用いて分析を行っている．当分析では，設定したCoVaR及び$\mathcal{D}$-CoVaRの水準に対し，周辺分布の分散を時間変化させる動的なモデルを用いてシステミック・リスクを評価するとともに，確率的コピュラモデルがDCC-GARCHモデル及びTVPコピュラモデルと比較して依存関係を柔軟に評価できていることを，周辺分布の分散を固定させる静的なモデルを用いて示す．

## 1　は　じ　め　に

サブプライムローン問題を発端とする2007〜2008年における金融危機では，損失の拡大が金融システム全体に波及し，リーマン・ブラザーズの破綻など金融機関の破綻が相次ぎ，システミック・リスクが顕在化した．ここでいうシス

* 謝辞：本稿を作成するに当たり，指導教員の中川秀敏准教授より，丁寧かつ熱心なご指導を賜りました．また，匿名レフェリーより適切かつ丁寧なコメントを頂きました．ここに感謝の意を表します．

テミック・リスクの定義には様々な種類があるが，例えば増島 (2015) によるとIMF・BIS・FSB における定義は，「システミック・リスクは金融サービスの崩壊リスクで，全てあるいは一部の金融システムが損傷し，最終的に実体経済に深刻な悪影響を与えるもの」である．こうしたシステミック・リスクの計測については，現在，様々な手法で解析が進められているが，確立された計測手法はない．

システミック・リスクが顕在化する際には金融機関間でのカウンター・パーティ・リスクが増加し，市場価格や流動性にも間接的に影響を与えることが知られているが，こうした事象が発生した際には，金融機関の資産・負債の依存関係が強まる傾向もある．内田 他 (2014) 及び増島 (2015) では，システミック・リスクはトリガー事象発生の蓋然性を観測するものと，金融システムの脆弱性の大きさを観測する 2 種類に分かれるとしているが，依存関係の強まりを捉えることは前者のトリガー事象発生の蓋然性を観測することに該当する．

そのため，本稿では金融機関の資産・負債の依存関係が強まる事象をシステミック・リスク事象と捉え，金融機関間における相関・依存関係の高まりが，金融システムにどの程度影響を与えるかについて定量化したものをシステミック・リスク量として定義する．システミック・リスク量については，Adrian and Brunnermeier (2016) によって提案された “CoVaR” 及び “$\mathcal{D}$-CoVaR” を元に計測を行う．

前者の指標である CoVaR は，個別金融機関の経済状況が悪化した場合に，金融システム全体の経済状況がどうなるか定量化したものである．そのため，CoVaR は変量間の下側裾依存性に着目した概念であるともいえる．CoVaR については，Girardi and Ergün (2013) により定義が拡張されており，Adrian and Brunnermeier (2016) による CoVaR よりも裾依存性にフォーカスしたものとなっている．

一方，$\mathcal{D}$-CoVaR は個別金融機関の経済状況が通常の場合 (中央値を取る場合) の CoVaR と，悪化した場合の CoVaR との差として定義されており，システミック・リスクが顕在化していない状況から顕在化した状況まで，どの程度 CoVaR が乖離しているかについて定量化したものである．

本稿では CoVaR 及び $\mathcal{D}$-CoVaR についての性質や特徴について整理し，Co-

VaR と $\mathcal{D}$-CoVaR が相関係数 $\rho$ に対してどのように変化するか分析を行う.

また CoVaR の計測に関しては, Girardi and Ergün (2013) により拡張された定義のもとで, DCC-GARCH モデルや Reboredo and Ugolini (2015) によって計測された TVP (Time Varying Parameter) コピュラモデルがあり, いずれも相関構造・依存構造を時系列に捉えたモデルである. コピュラは線形相関以外の依存構造も捉えられるように依存構造を関数で表現したものである. Hafner and Manner (2012) は, 確率的コピュラモデルが TVP コピュラモデルと比較して高い精度で依存構造を表現できることを示しているが, この特徴を踏まえ, 確率的コピュラモデルにより CoVaR 及び $\mathcal{D}$-CoVaR を算出し, DCC-GARCH モデルと TVP コピュラモデルから算出された結果と合わせて比較分析する.

ここで, 算出された結果の解釈について, 今までの研究では具体的な水準について議論を行っておらず, 過去の経験に基づいてシステミック・リスクが高まっている時期を特定しているだけに留まっている. 当論文では, 日本においてシステミック・リスクがどのように変化してきたのかについて CoVaR 及び $\mathcal{D}$-CoVaR を用いて分析するとともに, 具体的な水準を定義し, どのような場合にシステミック・リスクが高まっているかについて, 論じることとしたい.

# 2　CoVaR 及び $\mathcal{D}$-CoVaR の定義と特徴

## 2.1　CoVaR の定義

CoVaR は Adrian and Brunnermeier (2016) により提案され, 実務で広く用いられている VaR を元に算出される. VaR 自体は個々の金融機関のリスク量を計測するものであり, システミック・リスクのような複数の金融機関が影響し合うリスクを定量化するものではないが, これらの指標を用いて CoVaR は以下のように定義される.

**定義 1.** 時点 $t$ における個別金融機関 $i$ の損失率 $X_t^i$ の信頼水準 $p$ における最大損失を, $VaR_{p,t}^i$ とする.

$$VaR_{p,t}^i = \inf\{l \in \mathbb{R} | P(X_t^i > l) \leq 1 - p\}$$

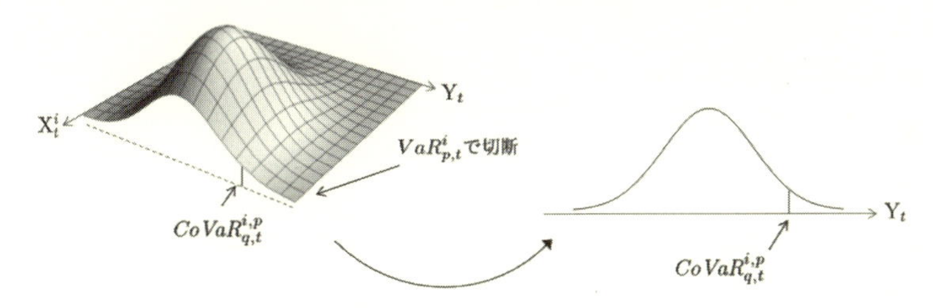


**図 1-1**　定義 2. による $CoVaR_{q,t}^{i,p}$ のイメージ図

この定義を用いて，$CoVaR_{q,t}^{i,p}$ を以下の通り定義する．

**定義 2.** 時点 $t$ において，個別金融機関 $i$ の損失率 $X_t^i$ が $VaR_{p,t}^i$ となる場合における，金融システム全体の損失率 $Y_t$ の信頼水準 $q$ における最大損失を，$CoVaR_{q,t}^{i,p}$ と表す．また，$p = q$ である場合には $CoVaR_{q,t}^i := CoVaR_{q,t}^{i,q}$ とする．

$$CoVaR_{q,t}^{i,p} = \inf\{l \in \mathbb{R} | P(Y_t > l | X_t^i = VaR_{p,t}^i) \leq 1 - q\}$$

この定義では，図 1-1 の通り，2 変量の確率分布において $VaR_{p,t}^i$ となる位置で切断し，その切断面での信頼水準 $q$ における最大損失のことを指している．2 次元上の点を求めていくことから，例えば正規分布では相関係数に依存して $CoVaR_{q,t}^{i,p}$ が変化していく．しかし，この定義による計測では，相関の増加に伴う $CoVaR_{q,t}^{i,p}$ の (狭義) 単調増加性が確保されず，ある程度相関が増加すると $CoVaR_{q,t}^{i,p}$ が減少してしまう場合があることを Mainik and Schaanning (2012) が示している．

例えば，金融システム全体の損失率を $Y_t$，個別金融機関 $i$ の損失率を $X_t^i$ として，$(X_t^i, Y_t)$ が相関 $\rho$ の 2 変量標準正規分布に従うと仮定し，$VaR_{p,t}^i$ 及び $CoVaR_{q,t}^{i,p}$ を求めることを考える．2 変量標準正規分布の確率密度関数は，

$$f(y, x) = \frac{1}{2\pi\sqrt{1-\rho^2}} \exp\left[-\frac{y^2 - 2\rho xy + x^2}{2(1-\rho^2)}\right]$$

で与えられる．$\Phi(\cdot)$ を標準正規分布の累積分布関数とすると $X_t^i = VaR_{p,t}^i = \Phi^{-1}(p)$ であるから，条件付確率密度関数は，

$$f(y|x=\Phi^{-1}(p))=\frac{1}{\sqrt{2\pi(1-\rho^2)}}\exp\left[-\frac{\left(y-\rho\Phi^{-1}(p)\right)^2}{2(1-\rho^2)}\right]$$

である．ここで，$q=p$ では条件付累積分布関数は $F(CoVaR^i_{q,t}|x=VaR^i_{q,t})=q$ より，

$$F(CoVaR^i_{q,t}|x=VaR^i_{q,t})=\Phi\left(\frac{CoVaR^i_{q,t}-\rho\Phi^{-1}(q)}{\sqrt{1-\rho^2}}\right)=q$$

$$\therefore\quad CoVaR^i_{q,t}=\rho\Phi^{-1}(q)+\sqrt{1-\rho^2}\Phi^{-1}(q)$$

この式から，

$$\frac{\partial CoVaR^i_{q,t}}{\partial\rho}=\Phi^{-1}(q)\cdot\frac{\sqrt{1-\rho^2}-\rho}{\sqrt{1-\rho^2}}$$

となることから，$\rho>1/\sqrt{2}$ では (狭義) 単調減少性を持ち，再び $CoVaR^i_{q,t}$ の値が減少する．

こうした問題を回避するため，Girardi and Ergün (2013) では，定義 2 の条件付確率を考える際に $X^i_t=VaR^i_{p,t}$ を $X^i_t\geq VaR^i_{p,t}$ と置き換えることにより $CoVaR^{i,p}_{q,t}$ を計測している．こうすることで，$CoVaR^{i,p}_{q,t}$ の (狭義) 単調増加性は確保される (2.2 (図 1-3) 参照)．当論文においては Girardi and Ergün (2013) に従い以下の通り定義する．

**定義** 3. 時点 $t$ において，個別金融機関 $i$ の損失率 $X^i_t$ が信頼水準 $p$ における最大損失以上となる場合における，金融システム全体の損失率 $Y_t$ の信頼水準 $q$ における最大損失を，$CoVaR^{i,p}_{q,t}$ と表す．

$$CoVaR^{i,p}_{q,t}=\inf\{l\in\mathbb{R}|P(Y_t>l|X^i_t\geq VaR^i_{p,t})\leq 1-q\}$$

また，$X^i_t, Y_t$ の分布が連続であれば，以下の通り条件付確率を同時分布確率の形にすることができる．なお $f(\cdot)$ は，確率密度関数とする．

$$P(Y_t\geq CoVaR^{i,p}_{q,t}|X^i_t\geq VaR^i_{p,t})=\frac{P(Y_t\geq CoVaR^{i,p}_{q,t},X^i_t\geq VaR^i_{p,t})}{P(X^i_t\geq VaR^i_{p,t})}=1-q$$

よって，

$$P(Y_t\geq CoVaR^{i,p}_{q,t},X^i_t\geq VaR^i_{p,t})=(1-p)(1-q)$$

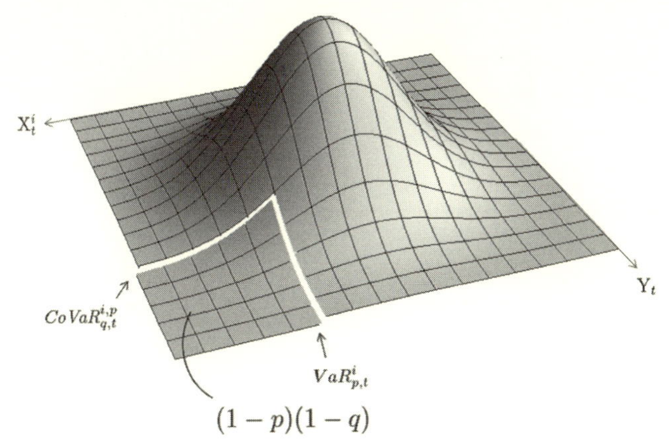


図 1-2　定義 3. による $CoVaR_{q,t}^{i,p}$ のイメージ図

であるから，

$$\int_{CoVaR_{q,t}^{i,p}}^{\infty}\int_{VaR_{p,t}^{i}}^{\infty} f(Y_t, X_t^i)dY_t dX_t^i = (1-p)(1-q)$$

これらの式より，$CoVaR_{q,t}^{i,p}$ は，図 1-2 のように表すことができ，積分を数値的に解くことで $CoVaR_{q,t}^{i,p}$ を求める．

Girardi and Ergün (2013) では，DCC-GARCH モデルにより 2 次元損失率ベクトルの時系列データを構築している．2 つの損失率から動的な相関係数を得るために，まず，Girardi and Ergün (2013) はそれぞれの損失率 $y_t$ と条件付分散 $\sigma_t^2$ を用いて，以下で表される AR(1)-GARCH(1,1) モデルにより表現している．

$$AR(1) : y_t = c + \phi_1 y_{t-1} + \varepsilon_t$$
$$GARCH(1,1) : \sigma_t^2 = \omega + \alpha\sigma_{t-1}^2 + \beta\varepsilon_{t-1}^2$$
$$\text{残差項} : \varepsilon_t = \sigma_t z_t$$

ここで，基準化残差 $z_t$ については Hansen (1994) の skewed-$t$ 分布を仮定している．Hansen (1994) の skewed-$t$ 分布については以下の通り表される．$\eta \in (2, \infty)$ は自由度を表し，$\kappa \in (-1, 1)$ は分布の歪みを表すパラメータである．

$$f(z_t|\eta,\kappa)=\begin{cases} bc\left(1+\frac{1}{\eta-2}\left(\frac{bz_t+a}{1-\kappa}\right)^2\right)^{-(\eta+1)/2} & (z_t<-a/b)\\ bc\left(1+\frac{1}{\eta-2}\left(\frac{bz_t+a}{1+\kappa}\right)^2\right)^{-(\eta+1)/2} & (z_t\geq -a/b)\end{cases}$$

$$a=4\kappa c\left(\frac{\eta-2}{\eta-1}\right)\ ,\ b^2=1+3\kappa^3-a^2\ ,\ c=\frac{\Gamma\left(\frac{\eta+1}{2}\right)}{\sqrt{\pi(\eta-2)\Gamma\left(\frac{\eta}{2}\right)}}$$

次に，以下のモデルを用いて動的に相関係数 $\rho_t$ を推定している．損失率 $X_t^i$ と $Y_t$ の条件付標準偏差を $\boldsymbol{\sigma_t}=\{\sigma_{x,t},\sigma_{y,t}\}'$ とし，動的な相関行列 $\boldsymbol{C_t}=\boldsymbol{D_t}^{-1/2}\boldsymbol{\Sigma_t}\boldsymbol{D_t}^{-1/2}$，ただし，

$$\boldsymbol{\Sigma_t}=\begin{pmatrix}\sigma_{x,t}^2 & \rho_t\sigma_{x,t}\sigma_{y,t}\\ \rho_t\sigma_{x,t}\sigma_{y,t} & \sigma_{y,t}^2\end{pmatrix}\ ,\ \ \boldsymbol{D_t}=\begin{pmatrix}\sigma_{x,t}^2 & 0\\ 0 & \sigma_{y,t}^2\end{pmatrix}$$

について，

$$\boldsymbol{C_t}=\mathrm{diag}(\boldsymbol{Q_t})^{-1/2}\times\boldsymbol{Q_t}\times\mathrm{diag}(\boldsymbol{Q_t})^{-1/2}$$

$$\boldsymbol{Q_t}=(1-\delta_1-\delta_2)\bar{\boldsymbol{Q}}+\delta_1\boldsymbol{z_{t-1}}\boldsymbol{z'_{t-1}}+\delta_2\boldsymbol{Q_{t-1}}$$

とモデル化している．ここで $\bar{\boldsymbol{Q}}$ は，基準化残差 $\boldsymbol{z_t}=\{z_{x,t},z_{y,t}\}'$ の無条件での分散共分散行列である．動的な相関行列 $\boldsymbol{C_t}$ は基本的に $\boldsymbol{Q_t}$ でモデル化されるが，対角成分を 1 にするため，$\mathrm{diag}(\boldsymbol{Q_t})^{-1/2}$ を左右から乗じることで補正しているのが特徴である．なお，基準化残差 $\boldsymbol{z_t}$ については 2 変量分布が必要であり，上述の Hansen (1994) の skewed-$t$ 分布は用いることができない．そのため，Girardi and Ergün (2013) は以下で表される Bauwens and Laurent (2005) の skewed-$t$ 分布を用いている．$\nu\in(2,\infty)$ は自由度を表し，$\xi_x$ 及び $\xi_y$ は分布の歪みを表すパラメータである．なお，$i=x,y$ とし，$\boldsymbol{z_t^*}=\{z_{x,t}^*,z_{y,t}^*\}'$ で $z_{i,t}^*=(b_iz_{i,t}+a_i)\xi_i^{I_i}$ とする．

$$f(\boldsymbol{z_t}|\nu,\xi_x,\xi_y)=c\left(\frac{2b_x}{\xi_x+\frac{1}{\xi_x}}\right)\left(\frac{2b_y}{\xi_y+\frac{1}{\xi_y}}\right)\left(1+\frac{\boldsymbol{z_t^{*\prime}}\boldsymbol{z_t^*}}{\nu-2}\right)^{-\frac{\nu+2}{2}}$$

$$I_i=\begin{cases}-1 & (z_{i,t}\geq -a_i/b_i)\\ 1 & (z_{i,t}<-a_i/b_i)\end{cases}$$

$$a_i = \frac{\Gamma\left(\frac{\nu-1}{2}\right)\sqrt{\nu-2}}{\sqrt{\pi}\Gamma\left(\frac{\nu}{2}\right)}\left(\xi_i - \frac{1}{\xi_i}\right) \quad , \quad b_i^2 = \left(\xi_i^2 + \frac{1}{\xi_i^2} - 1\right) - a_i^2 \quad ,$$

$$c = \frac{\Gamma\left(\frac{\nu+2}{2}\right)}{\pi(\nu-2)\Gamma\left(\frac{\nu}{2}\right)}$$

しかし，このモデルで算出される相関係数は線形な相関関係を表す指標である．例えば Embrechts et al. (2002) では，変数 $X$，$Y$ の相関係数 $\rho(X,Y)$ について非線形な (狭義) 単調増加関数 $T:\mathbb{R}\to\mathbb{R}$ で，

$$\rho(T(X),T(Y)) \neq \rho(X,Y)$$

となる例が示されている．すなわち，相関係数は周辺分布の変換に対して不変ではなく，依存構造のみから抽出した係数になっていない．そのため，依存構造のみから抽出した係数としては順位相関係数が用いられ，一般的に多様な依存構造を表すことができる概念としてはコピュラが用いられる．コピュラを用いることで，線形・非線形な依存関係を表現することができ，また，システミック・リスクを計測する上で重要となる裾依存性について表現することができる．しかし，静的にコピュラを用いた場合ではパラメータによって依存構造が決定されるため，動的な依存構造の変化を捉えることはできない．

この問題に対して，Patton (2006) はパラメータを時間変化させる TVP コピュラモデルを提案している．パラメータに AR(1) モデルを組み込むことで動的にパラメータを推定するが，$t$ 期におけるボラティリティを $t-1$ 期において既知である変数のみを用いるため，最尤法により簡単にパラメータを推定することが可能である．Reboredo and Ugolini (2015) は，この TVP コピュラモデルを用いて $CoVaR_{q,t}^{i,p}$ を計測し，欧州債務危機前後のシステミック・リスクの変化について論じている．

次に，累積分布関数 $F(x)$ に対し，生存関数を $\bar{F}(x) := 1 - F(x)$ と定義する．また，変数 $X_t^i, Y_t$ に対する生存関数を $\bar{F}_{X_t^i}(x), \bar{F}_{Y_t}(y)$ とそれぞれ表す．時点 $t$ において，$C(\cdot,\cdot)$ をコピュラ関数とすると，$CoVaR_{q,t}^{i,p}$ は以下の通り表すことができる．

$$C(u,v) = C\left(\bar{F}_{Y_t}(CoVaR_{q,t}^{i,p}), \bar{F}_{X_t^i}(VaR_{p,t}^i)\right) = (1-p)(1-q)$$

この式より，$v = \bar{F}_{X_t^i}(VaR_{p,t}^i) = 1-p$ であり，$q$ も既知の値であることから，

$u = \bar{F}_{Y_t}(CoVaR_{q,t}^{i,p})$ を求めることができる．$u$ を求めた後は，$CoVaR_{q,t}^{i,p} = \bar{F}_{Y_t}^{-1}(u)$ として $CoVaR_{q,t}^{i,p}$ を求めることができる．

上述の通り，$CoVaR_{q,t}^{i,p}$ はコピュラ関数 $C(u,v)$ と生存関数の逆関数 $\bar{F}_{Y_t}^{-1}(u)$ によって定まることになるため，$CoVaR_{q,t}^{i,p}$ を動的に計測するには，時点 $t$ に対して動的なコピュラを用いるのが自然である．Raboredo and Ugolini (2015) は，この問題に対して，Patton (2006) によって提案された TVP コピュラモデルを用いている．正規コピュラと $t$ コピュラに対しては，以下の動的パラメータ $\rho_t$ を用いる．なお，$\Lambda(x) = (1-\exp(-x))(1+\exp(-x))^{-1}$ とする．なお，$t$ コピュラの場合は，$\Phi^{-1}(\cdot)$ を自由度 $\nu$ の $t$ 分布に関する累積分布関数の逆関数 $T_\nu^{-1}(\cdot)$ に置き換える．

$$\rho_t = \Lambda\left(\psi_0 + \psi_1\rho_{t-1} + \psi_2\frac{1}{10}\sum_{i=1}^{10}\Phi^{-1}(u_{t-i})\cdot\Phi^{-1}(v_{t-i})\right)$$

また，ガンベル・コピュラと反転ガンベル・コピュラに対しては，以下の動的パラメータ $\delta_t$ を用いている．

$$\delta_t = \bar{\omega} + \bar{\beta}\delta_{t-1} + \bar{\alpha}\frac{1}{10}\sum_{i=1}^{10}|u_{t-i} - v_{t-i}|$$

いずれの式も Patton (2006) と同様に ARMA(1,10) 型でモデル化している．パラメータ $\rho_t$ 及び $\delta_t$ は，以下の最尤法を解くことによって値が定まる．

$$\hat{\rho}_t = \arg\max_{\rho_t}\sum_{t=1}^{T}\ln c(\hat{u}_t,\hat{v}_t;\rho_t) \quad , \quad \hat{\delta}_t = \arg\max_{\delta_t}\sum_{t=1}^{T}\ln c(\hat{u}_t,\hat{v}_t;\delta_t)$$

### 2.2 CoVaR の特徴

ここでは，Girardi and Ergün (2013) によって一般化された定義について，$CoVaR_{q,t}^{i,p}$ の特徴を述べることとしたい．具体的な例として，金融システム全体の損失率 $Y_t$ と個別金融機関 $i$ の損失率 $X_t^i$ が 2 変量の標準正規分布と $t$ 分布 (自由度は表 1-4 及び表 1-5 における $\nu$ の平均に最も近い整数値である 11 を用いる．) に従う場合を考える．また，$p = q = 0.99$ とし，$VaR_{0.99,t}^i$ 及び $CoVaR_{0.99,t}^i$ を用いる．これをコピュラ関数で表すと，$(u_t, v_t) \in (0,1)^2$ に対して，$u_t = \bar{F}_{Y_t}(CoVaR_{0.99,t}^i), v_t = \bar{F}_{X_t^i}(VaR_{0.99,t}^i)$ とすると，$C(u_t, v_t) = 0.01^2$

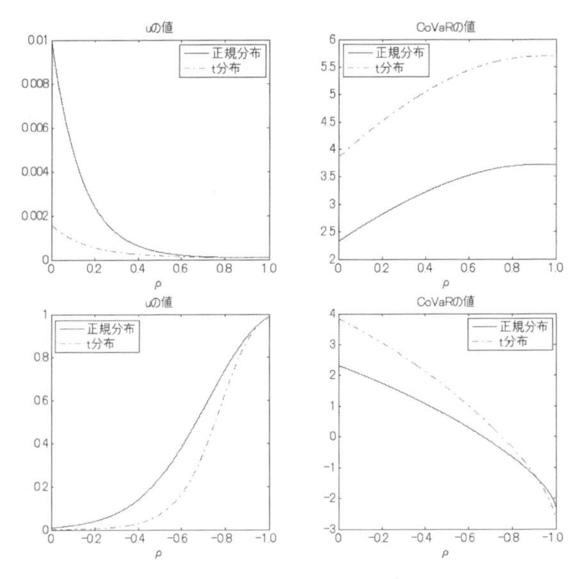


図 1-3　$\rho$ に対する $u_t$ と $CoVaR^i_{0.99,t}$ の値

であり，$v_t = \bar{F}_{X^i_t}(VaR^i_{0.99,t}) = 0.01$ より，$C(u_t, 0.01) = 0.01^2$ を満たす $u_t$ を解くことになる．

ここで，$Y_t$ と $X^i_t$ の相関係数を $\rho$ とすると，$u_t$ と $CoVaR^i_{0.99,t}$ は図 1-3 のようになる．

図 1-3 より，例えば標準正規分布に従う場合，相関係数が 0 であれば，$CoVaR^i_{0.99,t}$ は $\Phi^{-1}(0.99)$ と同値であるため約 2.33 になり，$VaR^i_{0.99,t}$ と同水準となる．相関係数が減少するにつれ $CoVaR^i_{0.99,t}$ は下落していき，$\rho$ が約 $-0.75$ のときに $CoVaR^i_{0.99,t}$ は 0 になる．そのため，変量間の依存関係が強まれば $CoVaR^i_{0.99,t}$ の値が大きくなり，システミック・リスクが拡大すると解釈できる．

$t$ 分布に従う場合においては，正規分布よりも裾依存性の高い分布であるため，全体的に $u_t$ は低くなる傾向にある．そのため，$CoVaR^i_{0.99,t}$ は正規分布の場合よりも大きくなっている．しかし，相関係数が高い場合には，$u_t$ と $CoVaR^i_{0.99,t}$ の両水準とも標準正規分布と $t$ 分布の間に差がなくなっていき，極端に逆相関している場合は $CoVaR^i_{0.99,t}$ の値が逆転することが分かる．

## 2.3 CoVaR の水準

CoVaR の水準については「危険水準」,「警戒水準」及び「注意水準」の 3 つの水準に分けて考え，以下の通り定義する.

危険水準

金融システムとの相関が非常に高いため，変量間で強く裾依存している水準と定義し，システミック・リスクが非常に大きいと判断する.

警戒水準

金融システムとの相関が高く，変量間での裾依存も「危険水準」よりは劣るものの高い水準であると定義し，システミック・リスクが中程度に大きいと判断する.

注意水準

金融システムとの相関は小さく，変量間での裾依存も弱い水準であると定義する. システミック・リスクは低いと判断できるが，この水準を超える場合には金融システムとの相関が高まっており，注意が必要であることを表す.

これらの水準については以下の通り算出する.

危険水準の算出

変数 $X_t^i$ 及び $Y_t$ に対してローリング推計 (250 営業日の日次データから推計) により，ケンドールの $\tau$[1] を時系列に算出する. 全期間のうち最大の $\tau$ を取る日の前後 250 日をストレス期とし，ストレス期における 99% 点の値を $\hat{\tau}$ とする. また，算出には $t$ コピュラを用いることとし，コピュラ関数を $C(u_t, v_t|\rho, \nu)$ とする.

ここで，$\hat{\tau}$ をケンドールの $\tau$ とする $t$ コピュラのパラメータ $\hat{\rho}$ を求める. すなわち，$\hat{\rho} = \sin(\pi\hat{\tau}/2)$ を求め，自由度は比較するモデルと同様の値を用いる. $p = q = 0.99$ とすると，この $\hat{\rho}$ により，$C(u_t, 0.01|\hat{\rho}, \nu) = 0.01^2$ を解くことで，$CoVaR^i_{0.99,t} = \bar{F}^{-1}_{Y_t}(u_t)$ を得る. 算出された $CoVaR^i_{0.99,t}$ を用いてストレス期における 99% 点の値を危険水準とする. なお，静的周辺分布を用いる場合は $CoVaR^i_{0.99,t}$

---

1) ケンドールの $\tau$ については戸坂・吉羽 (2005) を参考に計算を行っている. また，3.2 節におけるコピュラ密度関数の計算方法についても当論文を参考に計算を行っている.

が 1 つの値に定まるため，その値を危険水準とする．

警戒水準の算出

危険水準及び注意水準の平均値を警戒水準とする．

注意水準の算出

変数 $Y_t$ 及び $X_t^i$ は独立であると仮定する．この仮定より，相関をゼロとした場合の CoVaR を時系列に算出する．そのとき，全期間の CoVaR の平均値を注意水準とする．

## 2.4 $\mathcal{D}$-CoVaR の定義

$\mathcal{D}$-CoVaR は CoVaR と同様に Adrian and Brunnermeier (2016) により提案されたシステミック・リスク指標である．以下の通り定義される．

**定義 4.** 時点 $t$ における個別金融機関 $i$ の信頼水準 $q$ における，$\mathcal{D}\text{-}CoVaR_{q,t}^{i,p}$ を

$$\mathcal{D}\text{-}CoVaR_{q,t}^{i,p} = CoVaR_{q,t}^{i,p} - CoVaR_{q,t}^{i,0.5}$$

と表す．$CoVaR_{q,t}^{i}$ と同様に，$p = q$ である場合には $\mathcal{D}\text{-}CoVaR_{q,t}^{i} := \mathcal{D}\text{-}CoVaR_{q,t}^{i,q}$ とする．

この定義により，CoVaR による計測よりも相関に対する影響が大きく現れる．例えば 2 変量の標準正規分布や $t$ 分布を仮定した場合，CoVaR は $\rho$ がマイナスの値を取る場合でも正の値となる．一方 $\mathcal{D}$-CoVaR については，$X_t^i$ 及び $Y_t$ が独立という条件を付せば $CoVaR_{q,t}^{i,p}$ の値が $p$ に依存せず，$\mathcal{D}\text{-}CoVaR_{q,t}^{i,p}$ の値はゼロとなる．これにより，$\mathcal{D}$-CoVaR の値が正に大きくなれば，システミック・リスクが増大しているということが容易に判断できる．

これに対して，Reboredo and Ugolini (2015) では，以下の通り定義している．

**定義 5.** 時点 $t$ における個別金融機関 $i$ の信頼水準 $q$ における，$\mathcal{D}\text{-}CoVaR_{q,t}^{i,p}$ を

$$\mathcal{D}\text{-}CoVaR_{q,t}^{i,p} = \frac{CoVaR_{q,t}^{i,p} - CoVaR_{q,t}^{i,0.5}}{CoVaR_{q,t}^{i,0.5}}$$

と表す．$CoVaR^{i}_{q,t}$ と同様に，$p = q$ である場合には $\mathcal{D}\text{-}CoVaR^{i}_{q,t} := \mathcal{D}\text{-}CoVaR^{i,q}_{q,t}$ とする．

$CoVaR^{i,0.5}_{q,t}$ を用いる点は定義 4 と同様であるが，定義 5 ではさらに $CoVaR^{i,0.5}_{q,t}$ で除しており，どの程度 $CoVaR^{i,p}_{q,t}$ と $CoVaR^{i,0.5}_{q,t}$ が乖離しているかについて率で把握することが可能となる．Girardi and Ergün (2013) においては $CoVaR^{i,0.5}_{q,t}$ ではなく

$$P(Y_t \geq CoVaR, \mu^i_t - \sigma^i_t \leq X^i_t \leq \mu^i_t + \sigma^i_t)$$

として，$X^i_t$ の平均 $\mu^i_t$ 及び標準偏差 $\sigma^i_t$ を条件に用いて算出した CoVaR を用いている．いずれの定義についても定義 4 と同様に $X^i_t$ と $Y_t$ が独立と仮定することで値はゼロとなるため，変量間の依存関係が明瞭となる．

### 2.5 $\mathcal{D}$-CoVaR の特徴

上記の定義 4，5 について，$CoVaR^{i,p}_{q,t}$ と同様に金融システム全体の収益率 $Y_t$ と個別金融機関 $i$ の収益率 $X^i_t$ が 2 変量の標準正規分布と $t$ 分布 (自由度 11) に従う場合を考える． 図 1-4 は，定義 4 に基づいて計測した $\mathcal{D}\text{-}CoVaR^{i}_{0.99,t}$ である．裾依存性の高い $t$ 分布については，標準正規分布から計測された $\mathcal{D}\text{-}CoVaR^{i}_{0.99,t}$ よりも全体的に高い値となっている．よって，$CoVaR^{i,p}_{q,t}$ と同様に $\mathcal{D}\text{-}CoVaR^{i,p}_{q,t}$ が高い値となるとシステミック・リスクが拡大していることを表している．また，$\mathcal{D}\text{-}CoVaR^{i,p}_{q,t}$ の (狭義) 単調増加性が確保されていることも分かる．

一方，定義 5 に基づいて計測された図 1-5 の $\mathcal{D}\text{-}CoVaR^{i}_{0.99,t}$ についても同

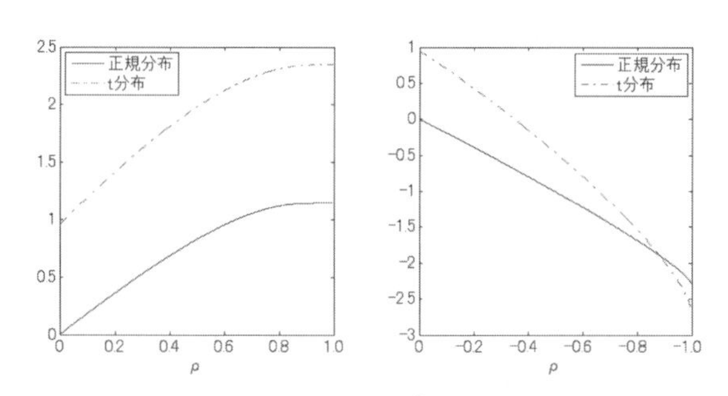


図 1-4 定義 4 による $\mathcal{D}\text{-}CoVaR^{i,}_{0.99,t}$ の $\rho$ に対する変化

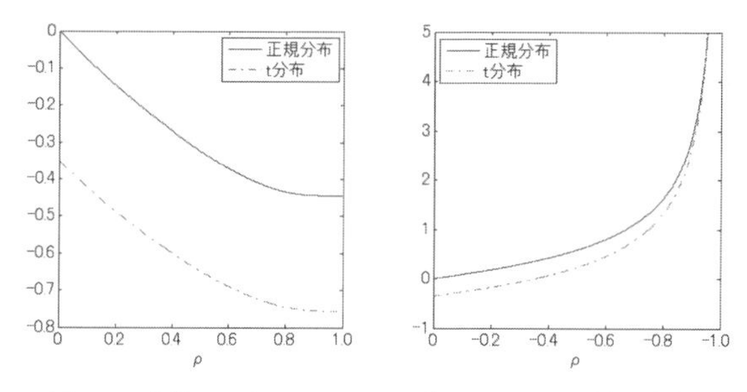


図 1-5 定義 5 による $\mathcal{D}\text{-}CoVaR^{i,}_{0.99,t}$ の $\rho$ に対する変化

様に，(狭義) 単調増加性が確保されているものの，$\rho=-1$ に近似している場合には非常に大きい値となってしまう．そのため，値の安定性の観点から定義 4 による計測が望ましい．

この結果から，本稿で実際にデータに当てはめる際には，定義 4 による $\mathcal{D}\text{-}CoVaR^{i,p}_{q,t}$ を用いて計測することとする．

$\mathcal{D}\text{-}CoVaR^{i,p}_{q,t}$ の特徴としては，$CoVaR^{i,p}_{q,t}$ と同様に裾依存が高いほど値は大きくなる．また，$\mathcal{D}\text{-}CoVaR^{i,p}_{q,t}$ は，$VaR^{i}_{p,t}$ の信頼水準 $p$ が 0.5 である場合の $CoVaR^{i,p}_{q,t}$ の値が低く，かつ，通常の $CoVaR^{i,p}_{q,t}$ の値が高い場合に大きくなることから，図 1-6 の通り，信頼水準が大きくなるにつれて裾依存が進むときに $\mathcal{D}\text{-}CoVaR^{i,p}_{q,t}$ は大きくなる．

また，$\mathcal{D}\text{-}CoVaR^{i,p}_{q,t}$ は相関に対する変化率が大きいのが特徴である．ここで，変化率を相関係数が 0.001 増加した際の $CoVaR^{i}_{0.99,t}$ 及び $\mathcal{D}\text{-}CoVaR^{i}_{0.99,t}$ の増加率とすると，図 1-7 のようになる．この図より，$\mathcal{D}\text{-}CoVaR^{i}_{0.99,t}$ の方が相関に対する感応度が高いことが分かる．そのため，依存関係が強まるほど $\mathcal{D}\text{-}CoVaR^{i,p}_{q,t}$ では増加傾向が強くなるため，$CoVaR^{i,p}_{q,t}$ に比較してシステミック・リスクを捉えやすく，$CoVaR^{i,p}_{q,t}$ の概念を包括しているともいえる．

### 2.6 $\mathcal{D}$-CoVaR の水準

CoVaR と同様 $\mathcal{D}$-CoVaR の水準についても「危険水準」,「警戒水準」及び「注意水準」の 3 つの水準に分けて考え，以下の通り定義する．

危険水準

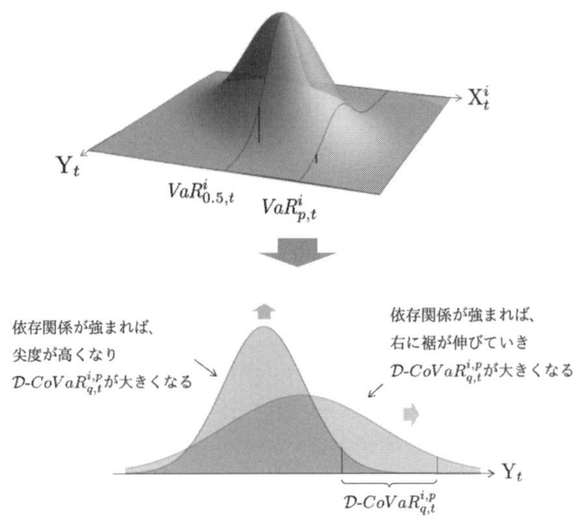


図 1-6 $\mathcal{D}$-$CoVaR^{i,p}_{q,t}$ のイメージ図

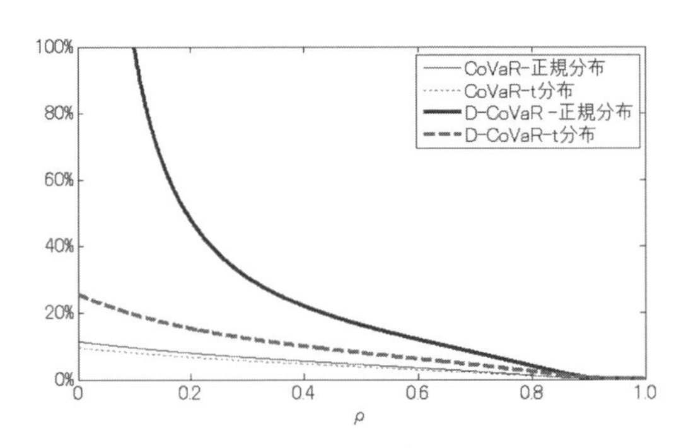


図 1-7 $CoVaR^i_{0.99,t}$ 及び $\mathcal{D}$-$CoVaR^i_{0.99,t}$ の相関 $\rho$ に対する変化率

金融システムとの相関が非常に高いため，変量間で強く裾依存している水準と定義し，システミック・リスクが非常に大きいと判断する．

警戒水準

金融システムとの相関が高く，変量間での裾依存も「危険水準」よりは劣るものの高い水準であると定義し，システミック・リスクが中程度に大きいと判断する．

注意水準

金融システムとの相関はゼロであり，変量間での裾依存もない水準であると定義する．システミック・リスクは低いと判断できるが，この水準を超える場合には金融システムとの相関が高まっており，注意が必要であることを表す．

これらの水準については以下の通り算出する．

危険水準の算出

2.3 節と同様の方法により $CoVaR^{i,0.5}_{0.99,t}$ を算出し，定義 4 を用いて

$$\mathcal{D}\text{-}CoVaR^{i}_{0.99,t} = CoVaR^{i}_{0.99,t} - CoVaR^{i,0.5}_{0.99,t}$$

とすることで得られた $\mathcal{D}\text{-}CoVaR^{i}_{0.99,t}$ を危険水準とする．

警戒水準の算出

危険水準及び注意水準の平均値を警戒水準とする．

注意水準の算出

変数 $Y_t$ 及び $X^i_t$ は独立であると仮定する．この仮定より，$\mathcal{D}$-CoVaR の値はゼロとなる．

## 3　確率的コピュラモデルによる CoVaR 計測

$CoVaR^{i,p}_{q,t}$ と $\mathcal{D}\text{-}CoVaR^{i,p}_{q,t}$ は変量間で依存することで値が小さくなり，定義により変量間の下側裾依存性に着目した指標となっており，コピュラとの親和性が高い．そのため，Patton (2006) による TVP コピュラモデルでは，2.1 節で述べた通りパラメータを ARMA(1,10) 型に設定し，パラメータが時系列に変化することで依存構造の変化を表現できることから，TVP コピュラモデルによる $CoVaR^{i,p}_{q,t}$ と $\mathcal{D}\text{-}CoVaR^{i,p}_{q,t}$ の計測は，システミック・リスク分析に重要な役割を果たす．しかし，$CoVaR^{i,p}_{q,t}$ や $\mathcal{D}\text{-}CoVaR^{i,p}_{q,t}$ を動的に捉えるモデルとしては，TVP コピュラモデル以外のものも提案されているため，これらの複数のモデルにより $CoVaR^{i,p}_{q,t}$ や $\mathcal{D}\text{-}CoVaR^{i,p}_{q,t}$ の挙動を分析することが望ましい．

Hafner and Manner (2012) は，動的に依存構造を表現する方法としてボラティリティの変動を攪乱項で表現する確率的ボラティリティ変動モデルをベースにパラメータを推定する確率的コピュラモデルを提案している．確率

的コピュラモデルのパラメータ推定に関しては，確率的ボラティリティ変動モデルと同様に，通常の最尤法によってパラメータを推定することは難しいため，Hafner and Manner (2012) では Liesenfeld and Richard (2003) による Efficient Importance Sampling (EIS) を用いてパラメータを推定している．Hafner and Manner (2012) によると，推定されたモデルは 2.1 節で記述した DCC-GARCH モデルや TVP コピュラモデルよりもアウトオブサンプルに対する誤差が低いことを実証しており，依存構造を柔軟に表現できるモデルであるとしている．

こうした実証結果を踏まえ，確率的コピュラモデルを用いることによりモデル間の比較分析を行う．次節では確率的コピュラモデルの詳細について述べていく．

### 3.1　確率的コピュラモデルによるパラメータの推定

以下の通りコピュラを設定する．

$$(u_t, v_t) \sim C(u, v|\theta_t)$$

ここで，コピュラの動的パラメータ $\theta_t \in \Theta \subset \mathbb{R}^K$ に対し，$\Psi\colon \mathbb{R} \to \Theta$ となる関数と潜在変数列 $\{\lambda_t\}_{t=1}^{T}$ を用いて $\theta_t = \Psi(\lambda_t)$ とする．また，$K$ はパラメータ数を表しているが，本稿では $K = 1$ とする．$\lambda_t$ が確率的コピュラモデルにおける動的パラメータとなり，以下の AR(1) として表す．なお，$|\beta| < 1$，$\gamma > 0$ とし，$\varepsilon_t$ は $i.i.d.$ で，$N(0,1)$ に従うとする．

$$\lambda_t = \alpha + \beta\lambda_{t-1} + \gamma\varepsilon_t$$

動的パラメータについて，TVP コピュラモデルでは 2.1 節の通り過去 10 期間のデータから得られる加重和と 1 期前の動的パラメータの和に対して関数 $\Lambda$ で変換することにより動的パラメータを更新していく．一方，確率的コピュラモデルでは確率的な項 $\varepsilon_t$ と 1 期前の潜在変数により潜在変数を更新し，得られた潜在変数列を関数 $\Psi$ によって変換することにより動的パラメータを得るというプロセスになっている．また，後述する通り関数 $\Psi$ は関数 $\Lambda$ と異なっている．

このように，TVP コピュラモデルと確率的コピュラモデルでは，動的パラメータの構築方法が大きく異なっていることが分かる．

次に，上で表されたパラメータ $\omega = (\alpha, \beta, \gamma)$ を推定する方法について述べる．$U = \{u_t\}_{t=1}^T$ で $V = \{v_t\}_{t=1}^T$ とし，また，$U_t = \{u_\tau\}_{\tau=1}^t$，$V_t = \{v_\tau\}_{\tau=1}^t$ で $\Lambda_t = \{\lambda_\tau\}_{\tau=1}^t$ とすると，尤度関数は以下の通り表せる．

$$L(\omega; U, V) = \int \prod_{t=1}^{T} f(u_t, v_t, \lambda_t | U_{t-1}, V_{t-1}, \Lambda_{t-1}, \omega) d\Lambda$$

同時確率密度関数 $f(u_t, v_t, \lambda_t | U_{t-1}, V_{t-1}, \Lambda_{t-1}, \omega)$ は，コピュラ密度関数 $c(u_t, v_t | \lambda_t, U_{t-1}, V_{t-1}, \omega)$ と $\lambda_t$ の条件付確率密度関数 $p(\lambda_t | U_{t-1}, V_{t-1}, \Lambda_{t-1}, \omega)$ に分解でき，$p$ は $(U_{t-1}, V_{t-1})$ に依存しないので，

$$L(\omega; U, V) = \int \prod_{t=1}^{T} c(u_t, v_t | \lambda_t, U_{t-1}, V_{t-1}, \omega) p(\lambda_t | \Lambda_{t-1}, \omega) d\Lambda$$

と表すことができる．この積分は $T$ 次元であり，解析的な方法や数値的手法を用いても解くことが非常に難しいため，定数 $N$ に対して $p$ から抽出した $\{\tilde{\lambda}_t^{(i)}(\omega)\}_{t=1}^T$ を用いて，

$$\hat{L}_N(\omega; U, V) = \frac{1}{N} \sum_{i=1}^{N} \left[ \prod_{t=1}^{T} c(u_t, v_t | \tilde{\lambda}_t^{(i)}(\omega), U_{t-1}, V_{t-1}, \omega) \right]$$

として尤度関数を評価することを考える．この問題に対して，Liesenfeld and Richard (2003) は，このような通常のモンテカルロ・シミュレーションで解くことは非効率であるとしており，Efficient Importance Sampling (EIS) を用いることを提案している．そこで，補助サンプラー $\{m(\lambda_t | \Lambda_{t-1}, a_t)\}_{t=1}^T$ を導入し，尤度関数の計算負荷を減少させる補助パラメータ $\{a_t\}_{t=1}^T$ を見つけていく．

尤度関数の評価には，$p$ から抽出した $\{\tilde{\lambda}_t^{(i)}(a_t)\}_{t=1}^T$ を用いて評価を行う．具体的には，

$$\tilde{L}_N(\omega; U, V)$$
$$= \frac{1}{N} \sum_{i=1}^{N} \left( \prod_{t=1}^{T} \left[ \frac{c(u_t, v_t | \tilde{\lambda}_t^{(i)}(a_t), U_{t-1}, V_{t-1}, \omega) p(\tilde{\lambda}_t^{(i)}(a_t) | \tilde{\Lambda}_{t-1}^{(i)}(a_{t-1}, \omega))}{m(\tilde{\lambda}_t^{(i)}(a_t) | \tilde{\Lambda}_{t-1}^{(i)}(a_{t-1}), a_t)} \right] \right)$$

が求める尤度関数となる．補助サンプラーと補助パラメータを推定するために，

$$m(\lambda_t|\Lambda_{t-1}, a_t) = \frac{k(\Lambda_t; a_t)}{\chi(\Lambda_{t-1}; a_t)} \quad , \quad \chi(\Lambda_{t-1}; a_t) = \int k(\Lambda_t; a_t) d\lambda_t$$

を考えると，$\chi(\Lambda_{t-1}; a_t)$ は，$\lambda_t$ に依存しておらず，$\chi(\Lambda_t; a_{t+1})$ とすることで，$t = T$ から帰納的に求めていくこととなり，$\chi(\Lambda_T; a_{T+1}) = 1$ とする．$k(\Lambda_t; a_t)$ については，Liesenfeld and Richard (2003) において，

$$k(\Lambda_t; a_t) = p(\lambda_t|\lambda_{t-1}, \omega)\zeta(\lambda_t, a_t)$$

と分解させることを提案しており，尤度関数より $p(\lambda_t|\lambda_{t-1}, \omega)$ が相殺されるため，より計算負荷が少なくなる．また，$a_t = (a_{1,t}, a_{2,t})$ と定義し，$\zeta(\lambda_t, a_t) = \exp(a_{1,t}\lambda_t + a_{2,t}\lambda_t^2)$ としている．実際に以下のようなステップを経て，$\omega = (\alpha, \beta, \gamma)$ が推定される．

1. $i = 1, 2, \cdots, N$ に対して，$p(\lambda_t|\Lambda_{t-1}, \omega)$ から $\{\tilde{\lambda}_t^{(i)}(\omega)\}_{t=1}^T$ を抽出する．
2. $t = T, T-1, \cdots, 1$ に対して，帰納的に以下の最小二乗回帰問題を解き，$a_t = (a_{1,t}, a_{2,t})$ を推定する．$c_t$ と $\eta_t^{(i)}$ はそれぞれ回帰曲線における定数項と誤差項である．

$$\log c(u_t, v_t|\theta_t(\omega)) + \log \chi(\tilde{\lambda}_t^{(i)}(\omega); \hat{a}_{t+1})$$
$$= c_t + a_{1,t}\tilde{\lambda}_t^{(i)}(\omega) + a_{2,t}[\tilde{\lambda}_t^{(i)}(\omega)]^2 + \eta_t^{(i)}$$

3. $i = 1, 2, \cdots, N$ に対して，推定した $\{\hat{a}_t\}_{t=1}^T$ を用いて $\{\tilde{\lambda}_t^{(i)}(\hat{a}_t)\}_{t=1}^T$ を構築する．
4. $\{\hat{a}_t\}_{t=1}^T$ が収束するまでステップ 2 とステップ 3 を繰り返す．
5. 最終的に得られた $\{\tilde{\lambda}_t^{(i)}(\hat{a}_t)\}_{t=1}^T$ により尤度関数を評価し，パラメータ $\hat{\omega} = (\hat{\alpha}, \hat{\beta}, \hat{\gamma})$ を決定する．

こうして得られたパラメータを用いて，$\theta_t = \Psi(\lambda_t)$ からコピュラの時系列的構造を決定することができる．よって，

$$C(u_t, v_t|\theta_t) = C(\bar{F}_{Y_t}(CoVaR_{q,t}^{i,p}), \bar{F}_{X_t^i}(VaR_{p,t}^i)|\theta_t) = (1-p)(1-q)$$

であるから，既知である $v_t, p, q$ により $u_t$ が定まり，$CoVaR_{q,t}^{i,p} = \bar{F}_{Y_t}^{-1}(u_t)$ とすることで，$CoVaR_{q,t}^{i,p}$ が算出される．

### 3.2　コピュラの例

確率的コピュラモデルに用いられるコピュラについて，尤度関数で用いられ

るコピュラ密度関数と関数 $\Psi\colon \mathbb{R} \to \Theta$ について説明する.

正規コピュラ：

$x = \Phi^{-1}(u)$ , $y = \Phi^{-1}(v)$ とし，動的パラメータを $\theta \in (-1, 1)$ とするとき，コピュラ密度関数と関数 $\Psi$ は以下で与えられる.

$$c(u, v; \theta) = \frac{1}{\sqrt{1-\theta^2}} \exp\left(\frac{-\theta^2 x^2 + 2\theta xy - \theta^2 y^2}{2(1-\theta^2)}\right)$$

$$\Psi(\lambda) = \frac{\exp(2\lambda) - 1}{\exp(2\lambda) + 1}$$

$t$ コピュラ：

$x = T_\nu^{-1}(u)$ , $y = T_\nu^{-1}(v)$ とし，動的パラメータを $\theta \in (-1, 1)$ とするとき，コピュラ密度関数と関数 $\Psi$ は以下で与えられる．なお，静的パラメータである自由度 $\nu$ については $\nu \in (0, \infty)$ とする.

$$c(u, v; \theta, \nu) = \frac{1}{\sqrt{1-\theta^2}} \frac{\Gamma(\frac{\nu+2}{2})\Gamma(\frac{\nu}{2})(1 + \frac{x^2 - 2\theta xy + y^2}{\nu(1-\theta^2)})^{-\frac{\nu+2}{2}}}{[\Gamma(\frac{\nu+1}{2})]^2 (1 + \frac{x^2}{\nu})^{-\frac{\nu+1}{2}} (1 + \frac{y^2}{\nu})^{-\frac{\nu+1}{2}}}$$

$$\Psi(\lambda) = \frac{\exp(2\lambda) - 1}{\exp(2\lambda) + 1}$$

フランク・コピュラ：

動的パラメータを $\theta \in (-\infty, \infty) \setminus 0$ とするとき，コピュラ密度関数と関数 $\Psi$ は以下で与えられる.

$$c(u, v; \theta) = \frac{\theta \exp(-\theta(u+v))(1 - \exp(-\theta))}{\{1 - \exp(-\theta) - (1 - \exp(-\theta u))(1 - \exp(-\theta v))\}^2}$$

$$\Psi(\lambda) = \lambda$$

クレイトン・コピュラ：

動的パラメータを $\theta \in (0, \infty)$ とするとき，コピュラ密度関数と関数 $\Psi$ は以下で与えられる.

$$c(u, v; \theta) = u^{(-1-\theta)} v^{(-1-\theta)} (u^{-\theta} + v^{-\theta} - 1)^{(-2-1/\theta)} (1 + \theta)$$

$$\Psi(\lambda) = \exp(\lambda)$$

ガンベル・コピュラ：

動的パラメータを $\theta \in [1,\infty)$ とするとき，コピュラ密度関数と関数 $\Psi$ は以下で与えられる．

$$c(u,v;\theta) = \frac{\{\log(u)\log(v)\}^{(\theta-1)}\{[(-\log(u))^{\theta}+(-\log(v))^{\theta}]^{1/\theta}+\theta-1\}}{[(-\log(u))^{\theta}+(-\log(v))^{\theta}]^{2-1/\theta}uv} \times \exp\{-[(-\log(u))^{\theta}+(-\log(v))^{\theta}]^{1/\theta}\}$$

$$\Psi(\lambda) = \exp(\lambda)+1$$

反転コピュラ：

本稿では反転コピュラをクレイトン・コピュラとガンベル・コピュラに適用しているが，そのコピュラ密度関数については $c(1-u, 1-v)$ として表される．

## 4　CoVaR 及び $\mathcal{D}$-CoVaR の比較分析

本節では，2 節で定義した，DCC-GARCH モデルと TVP コピュラモデルから算出された $CoVaR^{i,p}_{q,t}$ 及び $\mathcal{D}$-$CoVaR^{i,p}_{q,t}$ について，3 節の確率的コピュラモデルから算出された $CoVaR^{i,p}_{q,t}$ 及び $\mathcal{D}$-$CoVaR^{i,p}_{q,t}$ と比較する．

データは，東証 33 業種別株価指数の「銀行業」,「証券・商品先物取引業」,「保険業」,「不動産業」及び「その他金融業」を用いることとし，表記はそれぞれ，“Bank”，“Sec”，“Ins”，“Real”及び “Other”とする．なお，データの期間を 2000/1/5～2015/12/31 とし，日次データを用いる．観測期間数は 3,926 である．また「金融システム全体」の指数を，上記 5 つの業種別株価指数を時点毎に時価総額で加重平均した値として定義し，表記は “Fin”とする．また，前節までの定義における $Y_t$ を “Fin”と対応させ，$X^i_t$ を “Bank”，“Sec”，“Ins”，“Real”及び “Other”と対応させる．以下の分析において，データは全て対数損失率を用いて分析している．

上記のデータの基本統計量は表 1-1 の通りとなる．分析に当たっては $CoVaR^{i}_{0.99,t}$ を用いる．分析に用いる変数の特徴として，正規性の検定結果については，Shapiro-Wilk 検定及び Jarque-Bera 検定を実施しており，いずれも帰無仮説を棄却し，正規性は持たない．また，保険業は他の指数と比較して歪度と尖度が大きいのが特徴である．

表 1-1 基本統計量

| | Bank | Sec | Ins | Real | Other | Fin |
|---|---|---|---|---|---|---|
| 平均 | −0.0002 | −0.0002 | 0.0001 | 0.0003 | −0.0001 | 0.0000 |
| 標準偏差 | 0.0195 | 0.0248 | 0.0209 | 0.0218 | 0.0216 | 0.0203 |
| 最大値 | 0.1419 | 0.1538 | 0.1340 | 0.1634 | 0.1372 | 0.1534 |
| 最小値 | −0.1335 | −0.1554 | −0.1664 | −0.1417 | −0.1433 | −0.1301 |
| 歪度 | 0.0599 | −0.0943 | −0.2071 | 0.0210 | −0.0556 | −0.1025 |
| 尖度 | 7.1351 | 5.6149 | 8.1126 | 6.5157 | 6.6038 | 6.9049 |

### 4.1 動的な周辺分布のモデル

$CoVaR_{q,t}^{i,p}$ の計測を行うため，$Y_t$ 及び $X_t^i$ の周辺分布を動的に推定する．まず(条件付) 損失率については，「定数項のみ」，「AR(1) モデル」及び「ARMA(1,1) モデル」の 3 つから選択し，損失率を推定する．次に，損失率の条件付分散については，「GARCH(1,1) モデル」，「EGARCH(1,1) モデル」及び「GJR(1,1) モデル」の 3 つから選択を行い推定する [2)]．これらのモデルに用いる誤差項の分布として，「正規分布」，「$t$ 分布」及び Hansen (1994) の「skewed-$t$ 分布」から選択する．ここで，用いるモデルについては，以下の通り記号を定義する．なお，損失率を $y_t$ とし，条件付分散を $h_t$ としており，基準化残差 $z_t$ は $i.i.d.$ とする．また，EGARCH(1,1) モデルにおいて $\mathbf{E}(|z_{t-1}|)$ は $|z_{t-1}|$ の期待値を表し，GJR(1,1) モデルにおいて $I_{t-1}$ は $\varepsilon_{t-1}$ が負であれば 1，それ以外ではゼロとなる変数とする．

$$AR(1): y_t = c + \phi_1 y_{t-1} + \varepsilon_t$$

$$ARMA(1,1): y_t = c + \phi_1 y_{t-1} + \theta_1 \varepsilon_{t-1} + \varepsilon_t$$

$$GARCH(1,1): h_t = \omega + \alpha h_{t-1} + \beta \varepsilon_{t-1}^2$$

$$EGARCH(1,1): \log h_t = \omega + \alpha \log h_{t-1} + \beta z_{t-1} + \gamma(|z_{t-1}| - \mathbf{E}(|z_{t-1}|))$$

$$GJR(1,1): h_t = \omega + \alpha h_{t-1} + \beta \varepsilon_{t-1}^2 + \gamma \varepsilon_{t-1}^2 \cdot I_{t-1}$$

$$\text{残差項}: \varepsilon_t = \sqrt{h_t} z_t$$

以上の選択肢から AIC を基準にモデルを設定し，決定されたモデルから周辺分布を推定する．

2) GARCH モデル，EGARCH モデル及び GJR モデルの定義・性質については，渡部 (2000) を参考にしている．

表 1-2　動的周辺分布の推定結果

| | Bank | Sec | Ins |
|---|---|---|---|
| モデル | AR(1)-GJR(1,1) | AR(1)-GJR(1,1) | GJR(1,1) |
| 分布 | skewed-$t$ | skewed-$t$ | $t$ |
| $c$ | 0.0000 (0.0003) | 0.0002 (0.0003) | −0.0002 (0.0003) |
| $\phi_1$ | 0.0985 (0.0164) | 0.1015 (0.0170) | — |
| $\theta_1$ | — | — | — |
| $\omega$ | 0.0000 (0.0000) | 0.0000 (0.0000) | 0.0000 (0.0000) |
| $\alpha$ | 0.1320 (0.0177) | 0.1274 (0.0177) | 0.1152 (0.0172) |
| $\beta$ | 0.9000 (0.0113) | 0.9065 (0.0113) | 0.8860 (0.0152) |
| $\gamma$ | −0.0803 (0.0175) | −0.0798 (0.0170) | −0.0526 (0.0184) |
| $\kappa$ | −0.0768 (0.0226) | −0.0761 (0.0241) | — |
| $\nu$ | — | — | 10.8754 (1.6455) |
| $\eta$ | 9.1141 (1.0464) | 9.7088 (1.1019) | — |
| AIC | −11,661.19 | −10,629.70 | −10,984.24 |

| | Real | Other | Fin |
|---|---|---|---|
| モデル | ARMA(1,1)-GJR(1,1) | AR(1)-GJR(1,1) | AR(1)-GJR(1,1) |
| 分布 | skewed-$t$ | $t$ | $t$ |
| $c$ | −0.0005 (0.0003) | −0.0001 (0.0003) | 0.0000 (0.0003) |
| $\phi_1$ | −0.1546 (0.1231) | 0.0724 (0.0155) | 0.0986 (0.0183) |
| $\theta_1$ | 0.2521 (0.1205) | — | — |
| $\omega$ | 0.0000 (0.0000) | 0.0000 (0.0000) | 0.0000 (0.0000) |
| $\alpha$ | 0.1171 (0.0164) | 0.1334 (0.0172) | 0.1352 (0.0171) |
| $\beta$ | 0.9031 (0.0113) | 0.8932 (0.0128) | 0.8898 (0.0129) |
| $\gamma$ | −0.0654 (0.0168) | −0.0844 (0.0162) | −0.0816 (0.0165) |
| $\kappa$ | −0.0585 (0.0231) | — | — |
| $\nu$ | — | 12.1405 (1.8809) | 10.2713 (1.4225) |
| $\eta$ | 10.0790 (1.3500) | — | — |
| AIC | −10,920.99 | −10,878.21 | −11,169.93 |

* ( ) 内は標準誤差

モデルの推定結果については表 1-2 の通りとなる．選択肢が多いため，AIC を基準に選択されたモデルのみを記載する．また，以下の図 1-8 は推定されたモデルの残差を QQ プロットで表示したものである．いずれもコルモゴロフ・スミルノフ検定は棄却しており，QQ プロットも推定した分布に当てはまっていることから，上手く推定ができていることを示している．

## 4.2　モデルの設定

DCC-GARCH モデルは 2.1 節の通り，Girardi and Ergün (2013) の方法によ

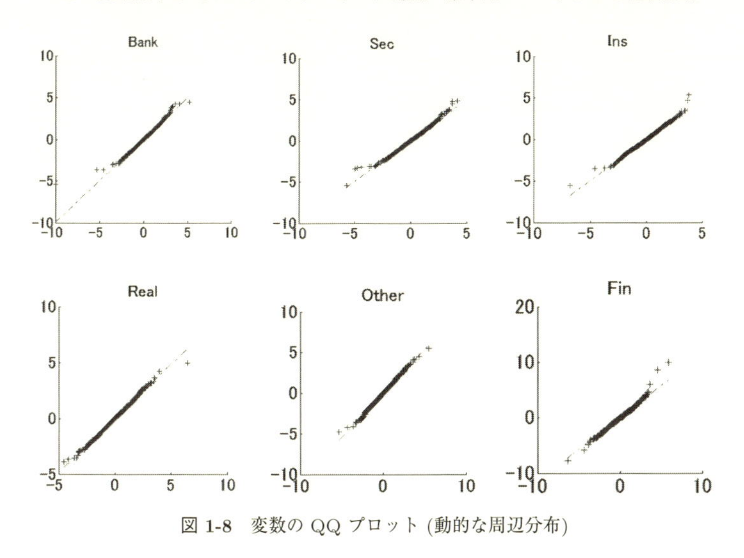


図 1-8　変数の QQ プロット (動的な周辺分布)

り推定を行う．推定結果については表 1-3 の通りである．TVP コピュラモデルについては，Reboredo and Ugolini (2015) と同様にパラメータを ARMA(1,10) 型に設定し，4.1 節で定義した周辺分布に従うと仮定した上で計測を行う．確率的コピュラモデルも同様に，3 節で述べた方法により計測を行い，4.1 節で定義された周辺分布に従うと仮定する．このように，DCC-GARCH モデルとコピュラモデルでは仮定が異なるため，単純に比較分析をすることができない．そのため，図 1-9 のように動的な依存関係の導出は各モデルでそれぞれ推定を行い，CoVaR は共通した方法により算出する．ここで，DCC-GARCH モデルから $u_t$ を算出する際のコピュラとしては，表 1-5 の結果から確率的コピュラモデルで選択している $t$ コピュラを用いる．また，$t$ コピュラで必要となる自由度についても，確率的コピュラモデルで推定された値を用いる．

コピュラモデルで用いるコピュラについて，TVP コピュラモデルにおいては楕円コピュラとして正規コピュラと $t$ コピュラを用いるほか，アルキメディアン・コピュラとしてガンベル・コピュラと反転ガンベル・コピュラを用いる．確率的コピュラモデルにおいては楕円コピュラとして正規コピュラと $t$ コピュラを用いるほか，アルキメディアン・コピュラとしてフランク・コピュラ，クレイトン・コピュラ，ガンベル・コピュラ，反転クレイトン・コピュラ及び反

表 1-3　DCC-GARCH モデルの推定結果

| | Bank | Sec | Ins |
|---|---|---|---|
| $c$ | −0.0002 (0.0003) | −0.0001 (0.0003) | −0.0004 (0.0003) |
| $\phi_1$ | 0.0959 (0.0166) | 0.0994 (0.0171) | −0.0112 (0.0177) |
| $\omega$ | 0.0000 (0.0000) | 0.0000 (0.0000) | 0.0000 (0.0000) |
| $\alpha$ | 0.0770 (0.0102) | 0.0739 (0.0099) | 0.0854 (0.0120) |
| $\beta$ | 0.9170 (0.0108) | 0.9205 (0.0105) | 0.8926 (0.0151) |
| $\kappa$ | −0.0814 (0.0254) | −0.0793 (0.0232) | −0.0085 (0.0239) |
| $\eta$ | 8.5271 (0.9999) | 9.3675 (1.1636) | 10.8361 (1.6002) |
| $\delta_1$ | 0.0121 (0.0000) | 0.0218 (0.0000) | 0.0163 (0.0000) |
| $\delta_2$ | 0.9656 (0.0033) | 0.9299 (0.0000) | 0.9531 (0.1550) |
| $\xi_1$ | 0.9305 (0.0027) | 0.9175 (0.0000) | 0.9586 (0.0000) |
| $\xi_2$ | 0.9485 (0.0029) | 0.9404 (0.0000) | 0.9656 (0.0000) |
| $\nu$ | 7.9085 (0.0023) | 7.1666 (0.0000) | 9.0534 (0.0000) |

| | Real | Other |
|---|---|---|
| $c$ | −0.0006 (0.0004) | −0.0005 (0.0003) |
| $\phi_1$ | 0.0921 (0.0224) | 0.0741 (0.0168) |
| $\omega$ | 0.0000 (0.0000) | 0.0000 (0.0000) |
| $\alpha$ | 0.0779 (0.0098) | 0.0884 (0.0109) |
| $\beta$ | 0.9121 (0.0104) | 0.8996 (0.0121) |
| $\kappa$ | −0.0638 (0.0267) | −0.0227 (0.0233) |
| $\eta$ | 9.7052 (1.1824) | 11.4195 (1.7168) |
| $\delta_1$ | 0.0006 (0.0000) | 0.0197 (0.0000) |
| $\delta_2$ | 0.9994 (0.0000) | 0.9398 (0.0000) |
| $\xi_1$ | 0.9405 (0.0039) | 0.9410 (0.0000) |
| $\xi_2$ | 0.9627 (0.0058) | 0.9588 (0.0000) |
| $\nu$ | 4.0034 (0.0000) | 8.5983 (0.0000) |

* ( ) 内は標準誤差

転ガンベル・コピュラを用いる.

また，それぞれのモデルにおけるコピュラの選択基準は AIC を用いる.

### 4.3　動的周辺分布を用いた分析

本項では，定義された動的モデルによって算出された結果について考察を行う．表 1-4，1-5 はモデルの推定結果である．AIC の欄で太字になっているものが選択されたコピュラである．表 1-4 を見ると，$t$ コピュラと反転ガンベル・コピュラの AIC が低く，どちらかのモデルが選択されている．表 1-5 においては全ての業種で $t$ コピュラを選択している.

実際に推定されたパラメータから算出された $CoVaR^i_{0.99,t}$ と $\mathcal{D}\text{-}CoVaR^i_{0.99,t}$

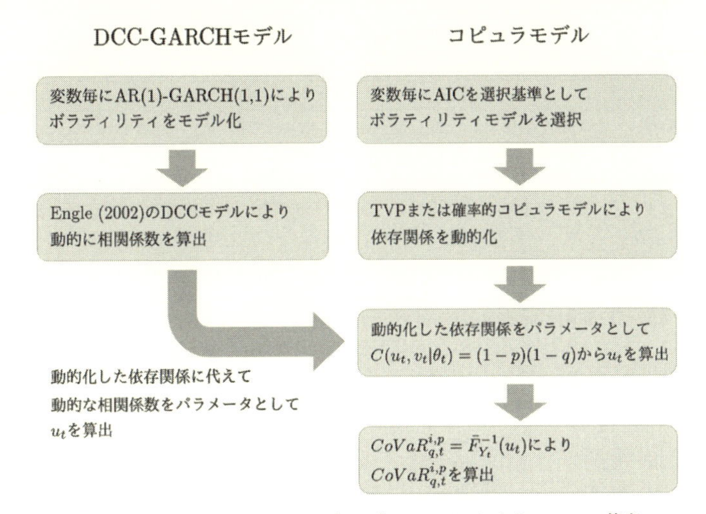


図 1-9　DCC-GARCH モデルとコピュラモデルによる CoVaR 算出

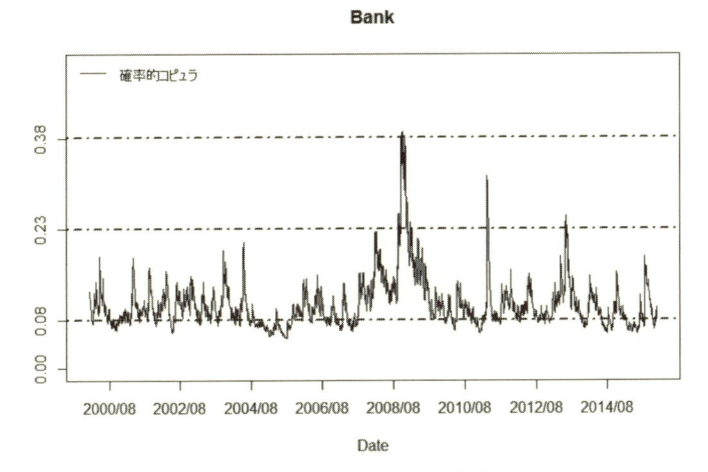


図 1-10　$CoVaR_{0.99,t}^{i}$ の推移

の結果は図 1-10 及び図 1-11 である．5 つの業種で差がほとんどないことから，銀行業のみを記載している．また，3 つのモデルにおいてほとんど差がないことから，確率的コピュラモデルから得られる推移のみを記載している．一点鎖線の横線については上からそれぞれ危険水準，警戒水準及び注意水準を表している．

表 1-4 TVP コピュラモデルの推定値

| | Bank | Sec | Ins | Real | Other |
|---|---|---|---|---|---|
| 正規コピュラ | | | | | |
| $\psi_0$ | −0.793 (0.000) | −1.998 (0.000) | −0.181 (0.000) | −0.192 (0.000) | −2.514 (0.000) |
| $\psi_1$ | 3.569 (0.000) | 5.197 (0.000) | 2.568 (0.000) | 2.705 (0.000) | 5.867 (0.000) |
| $\psi_2$ | 0.148 (0.000) | 0.138 (0.001) | 0.364 (0.000) | 0.816 (0.000) | 0.065 (0.001) |
| AIC | −3,476.6 | −4,825.2 | −3,131.2 | −6,531.1 | −4,279.9 |
| ***t*** **コピュラ** | | | | | |
| $\psi_0$ | −0.750 (0.000) | −2.441 (0.000) | −0.216 (0.000) | −1.223 (0.000) | −2.095 (0.000) |
| $\psi_1$ | 3.507 (0.000) | 5.765 (0.000) | 2.678 (0.000) | 4.347 (0.000) | 5.347 (0.000) |
| $\psi_2$ | 0.148 (0.002) | 0.071 (0.000) | 0.411 (0.000) | 0.496 (0.000) | 0.040 (0.002) |
| $\nu$ | 9.823 (0.225) | 7.195 (0.772) | 13.53 (0.001) | 8.384 (0.001) | 5.081 (0.453) |
| AIC | −3,553.6 | **−4,969.0** | −3,237.8 | −7,092.9 | **−4,447.0** |
| ガンベル・コピュラ | | | | | |
| $\bar{\omega}$ | 0.369 (0.000) | 1.745 (0.455) | 1.967 (0.296) | 1.116 (1.057) | 0.690 (0.008) |
| $\bar{\beta}$ | 0.365 (0.000) | 0.001 (0.121) | −0.098 (0.090) | 0.196 (0.946) | 0.277 (0.001) |
| $\bar{\alpha}$ | −0.567 (0.000) | −3.666 (1.065) | −4.156 (0.641) | −1.193 (0.000) | −1.191 (0.070) |
| AIC | −3,294.7 | −4,641.2 | −3,114.8 | −7,461.5 | −4,207.2 |
| 反転ガンベル・コピュラ | | | | | |
| $\bar{\omega}$ | 1.167 (0.215) | 2.088 (0.286) | 1.989 (0.273) | 1.382 (0.008) | 0.711 (0.013) |
| $\bar{\beta}$ | 0.128 (0.065) | −0.104 (0.078) | −0.101 (0.081) | 0.173 (0.000) | 0.272 (0.002) |
| $\bar{\alpha}$ | −2.238 (0.464) | −3.832 (0.655) | −4.093 (0.598) | −4.132 (0.123) | −1.181 (0.086) |
| AIC | **−3,563.3** | −4,853.0 | **−3,281.4** | **−48,190.8** | −4,445.8 |

*( ) 内は標準誤差

図 1-10 において，$CoVaR^i_{0.99,t}$ はリーマン・ブラザーズが破綻した 2008 年 9 月から上昇を始め，10 月で $CoVaR^i_{0.99,t}$ は最大となっており，この期間においては，いずれのモデルでも危険水準を超えているため，システミック・リスクが非常に大きい期間であったことを示している．また，東日本大震災の 2 営業日後である 2011 年 3 月 15 日からシステミック・リスクが増大し，危険水準までは至らないものの，危険水準と警戒水準の中間程度まで上昇している．そのほか，日銀が量的・質的金融緩和を導入した 2013 年 4 月付近においても $CoVaR^i_{0.99,t}$ は増大していることが分かる．

次に $\mathcal{D}$-$CoVaR^i_{0.99,t}$ について，図 1-11 において $CoVaR^i_{0.99,t}$ と同じように推移している．システミック・リスクが最大値を取る期間については，リーマン・ブラザーズ破綻後の 2008 年 10 月であり $CoVaR^i_{0.99,t}$ と同様であるが，水準に注目すると，全ての期間で注意水準を超えているのが $CoVaR^i_{0.99,t}$ と異な

表 1-5 確率的コピュラモデルの推定値

| | Bank | Sec | Ins | Real | Other |
|---|---|---|---|---|---|
| 正規コピュラ | | | | | |
| $\alpha$ | 0.043 (0.014) | 0.136 (0.029) | 0.022 (0.007) | 0.571 (0.000) | 0.067 (0.018) |
| $\beta$ | 0.961 (0.012) | 1.900 (0.021) | 0.979 (0.007) | 0.617 (0.000) | 0.949 (0.013) |
| $\gamma$ | 0.084 (0.015) | 0.151 (0.019) | 0.072 (0.011) | 0.523 (0.000) | 0.110 (0.016) |
| AIC | −3,717.7 | −5,104.3 | −3,418.0 | −7,687.3 | −4,646.8 |
| ***t*** **コピュラ** | | | | | |
| $\alpha$ | 0.024 (0.010) | 0.083 (0.028) | 0.001 (0.001) | 0.000 (0.000) | 0.036 (0.012) |
| $\beta$ | 0.978 (0.009) | 0.938 (0.021) | 0.999 (0.001) | 1.000 (0.000) | 0.972 (0.009) |
| $\gamma$ | 0.059 (0.013) | 0.108 (0.023) | 0.028 (0.003) | 0.052 (0.010) | 0.075 (0.014) |
| $\nu$ | 20.52 (8.088) | 19.34 (8.591) | 5.093 (0.470) | 5.046 (0.369) | 14.76 (4.269) |
| AIC | **−3,721.6** | **−5,108.2** | **−3,419.0** | **−8,687.4** | **−4,657.8** |
| フランク・コピュラ | | | | | |
| $\alpha$ | 0.882 (0.014) | 0.908 (0.033) | 0.871 (0.023) | 0.931 (0.003) | 0.895 (0.082) |
| $\beta$ | 0.881 (0.003) | 0.910 (0.004) | 0.873 (0.004) | 0.933 (0.001) | 0.896 (0.010) |
| $\gamma$ | 0.110 (0.037) | 0.109 (0.002) | 0.107 (0.105) | 0.111 (0.006) | 0.108 (0.023) |
| AIC | −3,346.9 | −4,676.1 | −2,860.0 | −6,347.7 | −4,121.6 |
| ガンベル・コピュラ | | | | | |
| $\alpha$ | 0.005 (0.003) | 0.040 (0.011) | 0.006 (0.000) | 0.022 (0.000) | 0.020 (0.082) |
| $\beta$ | 0.971 (0.011) | 0.931 (0.017) | 0.902 (0.551) | 0.983 (0.000) | 0.960 (0.010) |
| $\gamma$ | 0.125 (0.025) | 0.186 (0.027) | 0.296 (0.551) | 0.085 (0.000) | 0.108 (0.023) |
| AIC | −3,384.1 | −4,744.2 | −3,108.8 | −8,253.3 | −4,309.0 |
| 反転ガンベル・コピュラ | | | | | |
| $\alpha$ | 0.002 (0.002) | 0.027 (0.013) | 0.000 (0.000) | 0.034 (0.000) | 0.010 (0.005) |
| $\beta$ | 0.989 (0.006) | 0.954 (0.021) | 0.996 (0.002) | 0.975 (0.000) | 0.982 (0.009) |
| $\gamma$ | 0.061 (0.016) | 0.117 (0.032) | 0.053 (0.010) | 0.171 (0.000) | 0.082 (0.022) |
| AIC | −3,567.4 | −4,886.9 | −3,317.9 | −8,158.1 | −4,506.9 |
| クレイトン・コピュラ | | | | | |
| $\alpha$ | 0.500 (0.000) | 0.500 (0.000) | 0.500 (0.000) | 0.500 (0.000) | 0.500 (0.000) |
| $\beta$ | 0.302 (0.037) | 0.158 (0.050) | 0.331 (0.026) | 0.146 (0.026) | 0.161 (0.062) |
| $\gamma$ | 0.338 (0.062) | 0.133 (0.041) | 0.416 (0.039) | 0.140 (0.029) | 0.132 (0.047) |
| AIC | −2,975.0 | −3,803.3 | −2,694.2 | −4,498.6 | −3,489.4 |
| 反転クレイトン・コピュラ | | | | | |
| $\alpha$ | 0.500 (0.000) | 0.500 (0.000) | 0.500 (0.000) | 0.500 (0.000) | 0.500 (0.000) |
| $\beta$ | 0.289 (0.043) | 0.189 (0.078) | 0.303 (0.034) | 0.147 (0.027) | 0.199 (0.054) |
| $\gamma$ | 0.397 (0.052) | 0.152 (0.023) | 0.443 (0.041) | 0.145 (0.028) | 0.164 (0.021) |
| AIC | −2,638.9 | −3,506.9 | −2,453.1 | −4,358.1 | −3,222.6 |

*( ) 内は標準誤差

る点である．これは，金融システム全体に対して強く裾依存していることを示している．そのため，$\mathcal{D}\text{-}CoVaR^{i}_{0.99,t}$ を用いることでシステミック・リスクの変化を捉えられるほか，変量間での裾依存関係についても柔軟に捉えられる指

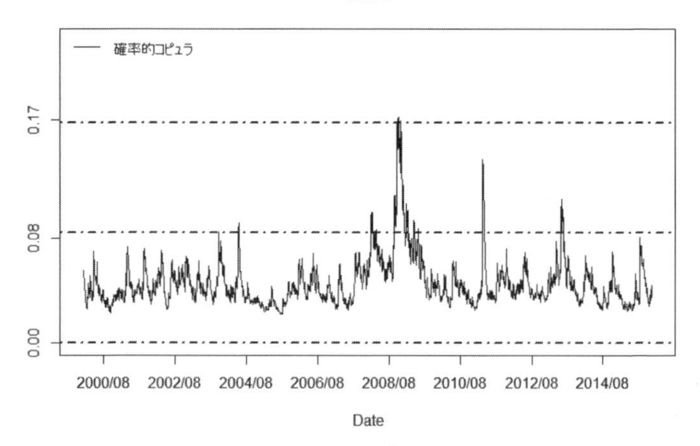


図 1-11　$\mathcal{D}\text{-}CoVaR^{i}_{0.99,t}$ の推移

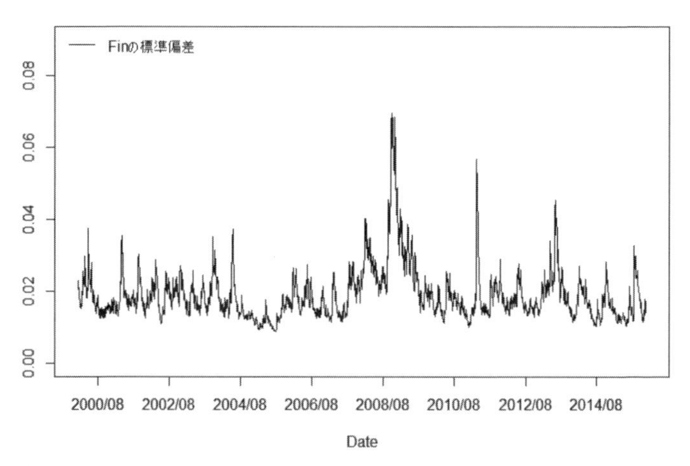


図 1-12　金融システム全体の標準偏差の推移

標であるといえる．

表 1-6 はこれまで議論した $CoVaR^{i}_{0.99,t}$ と $\mathcal{D}\text{-}CoVaR^{i}_{0.99,t}$ について，水準の日数をまとめたものである．この表より，例えば $\mathcal{D}\text{-}CoVaR^{i}_{0.99,t}$ を見ると，「警戒水準以上，危険水準未満」の日数が TVP コピュラモデルと確率的コピュラモデルによる計測では DCC-GARCH モデルと比較してやや多いため，TVP

表 1-6 動的周辺分布による $CoVaR^i_{0.99,t}$ 及び $\mathcal{D}$-$CoVaR^i_{0.99,t}$ の水準比較

| | Bank | Sec | Ins | Real | Other |
|---|---|---|---|---|---|
| $CoVaR^i_{0.99,t}$ | | | | | |
| (DCC-GARCH モデルにおける観測日数) | | | | | |
| 注意水準未満 | 908 | 1,030 | 1,615 | 2,016 | 1,179 |
| 注意水準以上，警戒水準未満 | 2,948 | 2,823 | 2,243 | 1,844 | 2,676 |
| 警戒水準以上，危険水準未満 | 65 | 68 | 63 | 61 | 66 |
| 危険水準以上 | 5 | 5 | 5 | 5 | 5 |
| (TVP コピュラモデルにおける観測日数) | | | | | |
| 注意水準未満 | 833 | 1,007 | 1,462 | 1,977 | 1,143 |
| 注意水準以上，警戒水準未満 | 3,020 | 2,846 | 2,394 | 1,883 | 2,712 |
| 警戒水準以上，危険水準未満 | 68 | 68 | 65 | 61 | 66 |
| 危険水準以上 | 5 | 5 | 5 | 5 | 5 |
| (確率的コピュラモデルにおける観測日数) | | | | | |
| 注意水準未満 | 949 | 1,028 | 1,548 | 2,004 | 1,177 |
| 注意水準以上，警戒水準未満 | 2,904 | 2,825 | 2,310 | 1,856 | 2,678 |
| 警戒水準以上，危険水準未満 | 68 | 68 | 63 | 61 | 66 |
| 危険水準以上 | 5 | 5 | 5 | 5 | 5 |
| $\mathcal{D}$-$CoVaR^i_{0.99,t}$ | | | | | |
| (DCC-GARCH モデルにおける観測日数) | | | | | |
| 注意水準未満 | 0 | 0 | 0 | 0 | 0 |
| 注意水準以上，警戒水準未満 | 3,770 | 3,762 | 3,773 | 3,761 | 3,761 |
| 警戒水準以上，危険水準未満 | 151 | 159 | 148 | 160 | 160 |
| 危険水準以上 | 5 | 5 | 5 | 5 | 5 |
| (TVP コピュラモデルにおける観測日数) | | | | | |
| 注意水準未満 | 0 | 0 | 0 | 0 | 0 |
| 注意水準以上，警戒水準未満 | 3,756 | 3,758 | 3,756 | 3,758 | 3,759 |
| 警戒水準以上，危険水準未満 | 165 | 163 | 165 | 163 | 162 |
| 危険水準以上 | 5 | 5 | 5 | 5 | 5 |
| (確率的コピュラモデルにおける観測日数) | | | | | |
| 注意水準未満 | 0 | 0 | 0 | 0 | 0 |
| 注意水準以上，警戒水準未満 | 3,765 | 3,760 | 3,768 | 3,761 | 3,757 |
| 警戒水準以上，危険水準未満 | 156 | 162 | 153 | 160 | 165 |
| 危険水準以上 | 5 | 4 | 5 | 5 | 4 |

コピュラモデルと確率的コピュラモデルはシステミック・リスクを保守的に評価することが分かる．

次に，図 1-12 は金融システム全体の標準偏差を時系列で表したものである．この図 1-12 から，CoVaR 及び $\mathcal{D}$-CoVaR の推移とほぼ同じ推移となっていることが分かる．3 つのモデルにはほとんど差異が生じないため，動的な周辺分布による計測が有効であることが分かるが，これは図 1-12 の通り，周辺分布

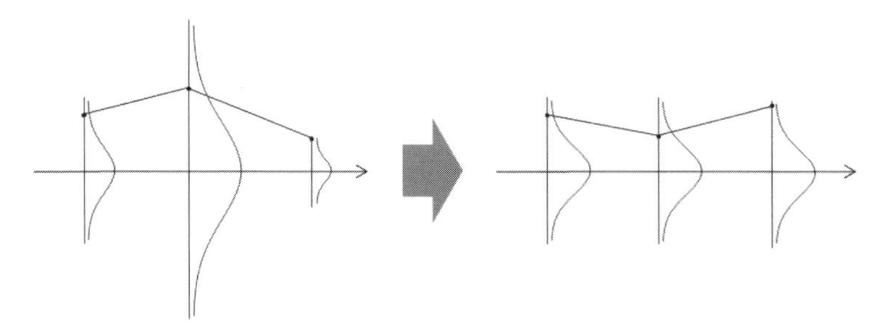

図 1-13　動的・静的な周辺分布から生じる CoVaR 及び $\mathcal{D}$-CoVaR の変化

を動的にしたことにより CoVaR が標準偏差の大きさに依存することで生じる．一方，図 1-13 の通り周辺分布が動的な場合では値が一番低くなり，かつ，周辺分布が静的な場合では一番大きくという事象が発生する可能性もある．よって，周辺分布を静的にすることで依存関係について適切に把握することができ，モデル間の比較ができると考えられる．

### 4.4　静的周辺分布を用いた分析

前節では，周辺分布が動的に標準偏差に依存したため業種間やモデルによる差異がほとんど見られなかった．本節では，静的な周辺分布を用いて CoVaR 及び $\mathcal{D}$-CoVaR の評価を行う．用いる周辺分布は 4.1 節で述べた Hansen (1994) の skewed-$t$ 分布とする．この分布について，変数を $x$ に対して確率密度関数を $f(x)$ とし，推定に当たっては，位置パラメータ $\mu$ と尺度パラメータ $\sigma$ を用いて $\frac{1}{\sigma}f\left(\frac{x-\mu}{\sigma}\right)$ として位置・尺度を持たせる．以下の図 1-14 は，周辺分布を動的にしたときと同様に，推定されたモデルの残差を QQ プロットで表示したものである．いずれもコルモゴロフ・スミルノフ検定を棄却しており，QQ プロットも推定した分布に当てはまっているため，静的な周辺分布においても上手く推定できていることを示している．なお，静的な周辺分布の推定結果については表 1-7 に示している．DCC-GARCH モデルでの CoVaR 及び $\mathcal{D}$-CoVaR の算出方法については，動的な周辺分布の場合と同様に，動的な依存関係に代えて動的な相関係数をパラメータとして，$t$ コピュラにより算出を行っている．ここでも，自由度については確率的コピュラモデルのパラメータを使用する．

図 1-15～図 1-18 は，静的な周辺分布によって評価した CoVaR 及び $\mathcal{D}$-CoVaR

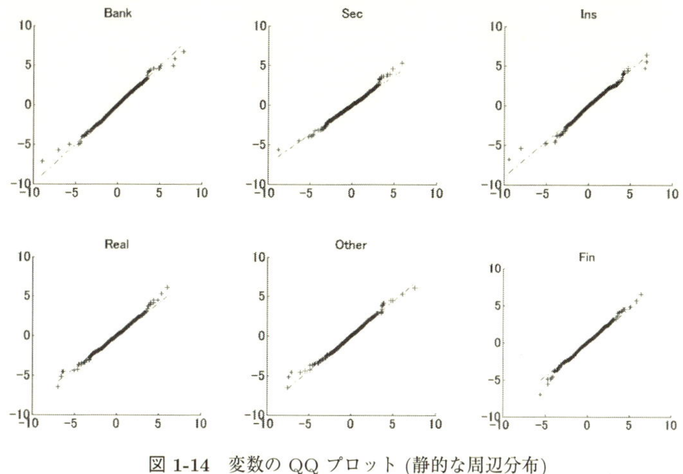


図 1-14　変数の QQ プロット (静的な周辺分布)

の推移である．分析に当たっては，特徴のある銀行業とその他金融業を用いている．また，一点鎖線の横線は危険水準を表している．警戒水準と注意水準については図からはみ出してしまうため記載していない．これらの図を見ると全体的にシステミック・リスクが上昇している区間においては危険水準付近で停滞し，システミック・リスクが減少している区間においては比較的減少幅が大きいことが分かる．これは図 1-7 から分かるように，相関が大きい場合には変化率が低くなるためである．そのため，図からは読み取りにくいものの，例えば銀行業ではリーマン・ブラザーズが破綻した 2008 年 8 月で，その他金融業については 2004 年 12 月がシステミック・リスクのピークとなり，危険水準を越える．また，表 1-8 の通り特に不動産業についてはシステミック・リスクが大きい期間が多い結果となっている．全体的に見ても，動的周辺分布による結果と比較してシステミック・リスクを大きく評価している．

モデルによる差異の観点から見ると，全体的に確率的コピュラモデルが変量

表 1-7　静的周辺分布の推定結果

| | Bank | Sec | Ins | Real | Other | Fin |
|---|---|---|---|---|---|---|
| $\mu$ | 0.0001 | 0.0000 | −0.0002 | −0.0003 | −0.0001 | −0.0001 |
| $\sigma$ | 0.0198 | 0.0251 | 0.0208 | 0.0220 | 0.0219 | 0.0204 |
| $\kappa$ | −0.0372 | −0.0573 | 0.0026 | −0.0302 | −0.0060 | 0.0028 |
| $\eta$ | 4.1016 | 4.9013 | 4.5583 | 4.7010 | 4.3456 | 4.6955 |

表 1-8　静的周辺分布による $CoVaR^i_{0.99,t}$ 及び $\mathcal{D}\text{-}CoVaR^i_{0.99,t}$ の水準比較

| | Bank | Sec | Ins | Real | Other |
|---|---|---|---|---|---|
| $CoVaR^i_{0.99,t}$ | | | | | |
| (DCC-GARCH モデルにおける観測日数) | | | | | |
| 注意水準未満 | 0 | 0 | 0 | 0 | 0 |
| 注意水準以上，警戒水準未満 | 0 | 0 | 0 | 0 | 0 |
| 警戒水準以上，危険水準未満 | 3,926 | 3,921 | 3,924 | 2,141 | 3,885 |
| 危険水準以上 | 0 | 5 | 2 | 1,785 | 41 |
| (TVP コピュラモデルにおける観測日数) | | | | | |
| 注意水準未満 | 0 | 0 | 0 | 0 | 0 |
| 注意水準以上，警戒水準未満 | 0 | 0 | 0 | 0 | 0 |
| 警戒水準以上，危険水準未満 | 932 | 3,922 | 700 | 1,287 | 3,926 |
| 危険水準以上 | 2,994 | 4 | 3,226 | 2,639 | 0 |
| (確率的コピュラモデルにおける観測日数) | | | | | |
| 注意水準未満 | 0 | 0 | 0 | 0 | 0 |
| 注意水準以上，警戒水準未満 | 0 | 0 | 0 | 0 | 0 |
| 警戒水準以上，危険水準未満 | 3,887 | 3,704 | 3,716 | 3,925 | 3,760 |
| 危険水準以上 | 39 | 222 | 210 | 1 | 146 |
| $\mathcal{D}\text{-}CoVaR^i_{0.99,t}$ | | | | | |
| (DCC-GARCH モデルにおける観測日数) | | | | | |
| 注意水準未満 | 0 | 0 | 0 | 0 | 0 |
| 注意水準以上，警戒水準未満 | 0 | 0 | 0 | 0 | 0 |
| 警戒水準以上，危険水準未満 | 3,900 | 3,898 | 3,906 | 1,902 | 3,677 |
| 危険水準以上 | 26 | 28 | 20 | 2,024 | 249 |
| (TVP コピュラモデルにおける観測日数) | | | | | |
| 注意水準未満 | 0 | 0 | 0 | 0 | 0 |
| 注意水準以上，警戒水準未満 | 0 | 0 | 0 | 0 | 0 |
| 警戒水準以上，危険水準未満 | 834 | 3,922 | 650 | 1,274 | 3,926 |
| 危険水準以上 | 3,092 | 4 | 3,276 | 2,652 | 0 |
| (確率的コピュラモデルにおける観測日数) | | | | | |
| 注意水準未満 | 0 | 0 | 0 | 0 | 0 |
| 注意水準以上，警戒水準未満 | 0 | 0 | 0 | 0 | 0 |
| 警戒水準以上，危険水準未満 | 3,887 | 3,704 | 3,716 | 3,925 | 3,780 |
| 危険水準以上 | 39 | 222 | 210 | 1 | 146 |

間の依存関係を上手く捉え，柔軟にシステミック・リスクを評価している．具体的には，例えばBank の推移を見ると，DCC-GARCH モデルとTVP コピュラモデルでは危険水準付近で推移しており，システミック・リスクを全体的に高く評価しているが，確率的コピュラモデルでは徐々にシステミック・リスクが上昇・減少している推移が見られ，より柔軟にシステミック・リスクを評価しているといえる．

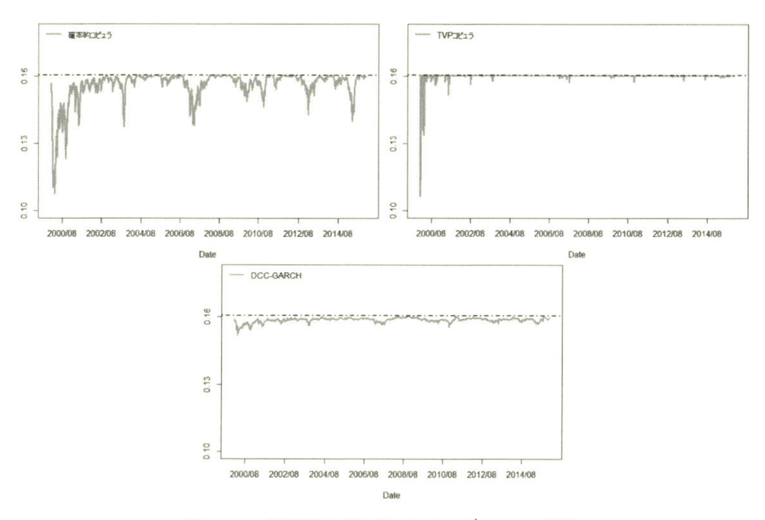


図 1-15　銀行業における $CoVaR^{i}_{0.99,t}$ の推移

次に，図 1-19 及び図 1-20 は TVP モデル及び確率的コピュラモデルにおけるコピュラ相関から算出された順位相関と，ローリング推計によって求めた順位相関 (以下,「ローリング順位相関」とする．) の推移を比較したものである．なお，ローリング推計は 250 営業日の日次データを用いて算出している．

この 2 つの図より，確率的コピュラモデルはローリング順位相関を上手く表現し，かつ，柔軟に依存関係を表現している．例えば図 1-19 においてはローリング順位相関と比較して，確率的コピュラモデルでは変動を事前に捉えており，東日本大震災があった 2011 年 3 月前後での上昇をローリング順位相関よりも大きく評価している．

一方 TVP コピュラモデルについて，例えば図 1-20 では確率的コピュラモデ

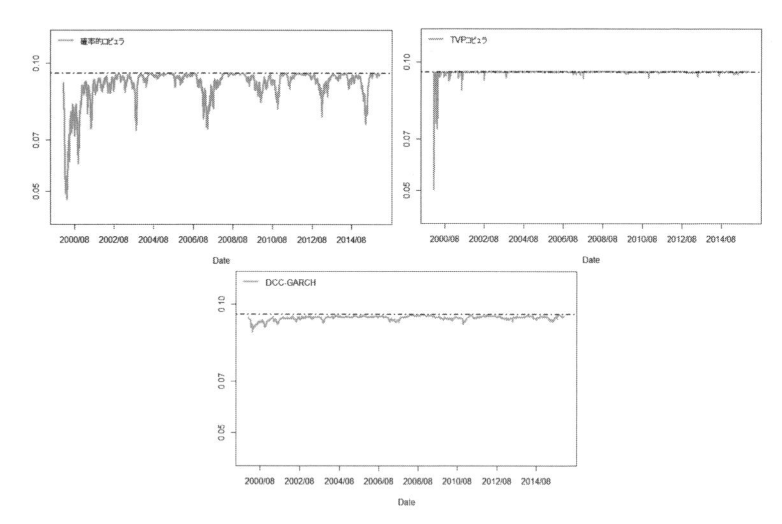


図 1-16　銀行業における $\mathcal{D}\text{-}CoVaR^i_{0.99,t}$ の推移

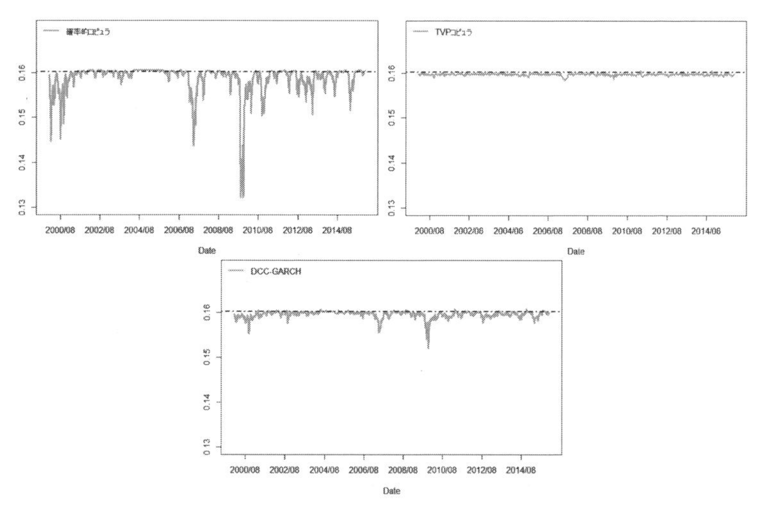


図 1-17　その他金融業における $CoVaR^i_{0.99,t}$ の推移

ルの方が柔軟に順位相関を評価している．これらの結果から，3 つのモデルのうち確率的コピュラモデルが適切に順位相関関係を捉え，柔軟に依存関係を評価しているといえる．

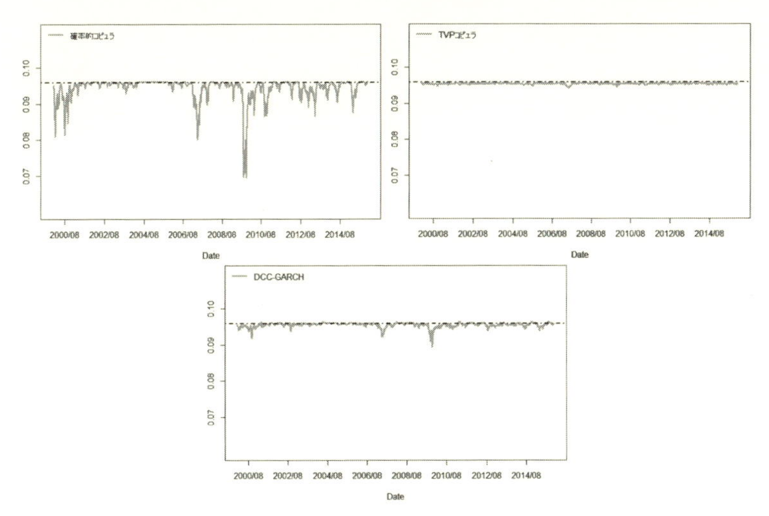


図 1-18　その他金融業における $\mathcal{D}\text{-}CoVaR^{i}_{0.99,t}$ の推移

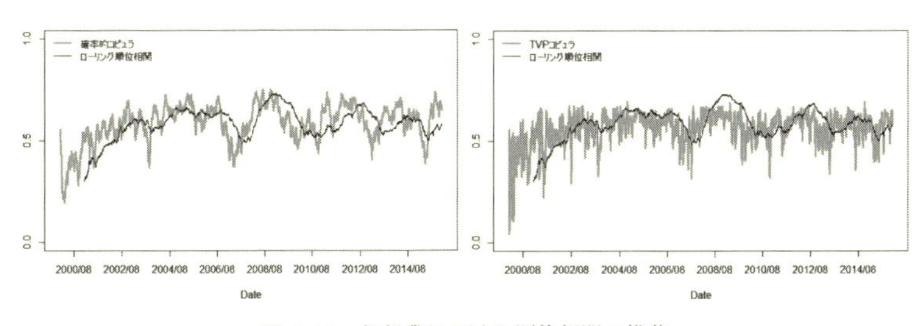


図 1-19　銀行業における順位相関の推移

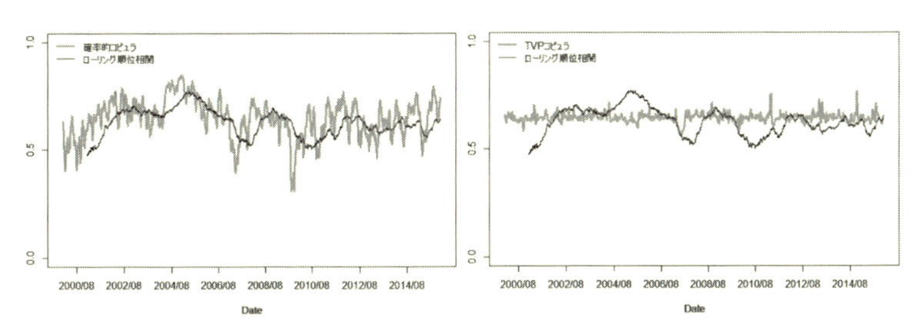


図 1-20　その他金融業における順位相関の推移

## 5　ま　と　め

本稿では，システミック・リスク指標である CoVaR 及び $\mathcal{D}$-CoVaR につい

て，ケンドールの$\tau$を用いて具体的に基準を構築し，動的・静的な周辺分布を用いて分析を行った．CoVaRと$\mathcal{D}$-CoVaRについてはこれまで具体的な基準等は無く，結果の解釈のみがなされてきたことから，本稿によりイメージしやすい指標となったといえる．また，動的な周辺分布を用いた分析では，確率的コピュラモデル，TVPコピュラモデル及びDCC-GARCHモデルの計測結果はほぼ同様の推移となるため，動的な周辺分布による計測の有効性が示された．一方，静的な周辺分布を用いた分析では順位相関関係が明瞭となり，特に確率的コピュラモデルによる計測が依存関係を柔軟に評価することを示した．

日本のデータによる分析結果としては，例えば銀行業ではリーマン・ブラザーズ破綻を境に急激にシステミック・リスクが増大し，CoVaR及び$\mathcal{D}$-CoVaRで危険水準を超えるなど，裾依存が進み非常に大きなシステミック・リスクが顕在化したことを示した．

システミック・リスク計測をする上では，図1-7の通り$\mathcal{D}$-CoVaRはCoVaRよりも裾依存に対する感応度が高いため，$\mathcal{D}$-CoVaRはCoVaRを包括する指標であるといえる．また，$\mathcal{D}$-CoVaRは変量間の独立性を仮定すれば値はゼロとなり，ゼロを基準として考えることができるため，水準感を持ちやすい指標である．

こうした分析を踏まえ，今後の課題として業種間の影響を考慮した分析やポートフォリオ内でのリスク寄与度に関する分析が考えられる．業種間の影響を分析するためには多次元コピュラを導入する必要があり，ヴァイン・コピュラなどを用いて多次元裾依存性を表現することにより，より複雑なシステミック・リスク構造を分析することが可能となる．

また，リスク寄与度に関する分析については，どういった金融機関がシステミック・リスク増加の一因となっているかについて分析が可能となり，Cao (2013)によるShapley値を利用した分析など，今後，分析の深化が期待される．

〔参考文献〕

Adrian, T. and Brunnermeier, M. (2016), “CoVaR,” *American Economic Review*, 106(7), 1705-1741.

Bauwens, L. and Laurent, S. (2005), “A New Class of Multivariate Skew Densities, With Application to Generalized Autoregressive Conditional Heteroscedasticity Models," *Journal of Business and Economic Statistics*, 23, 346-354.

Cao, Z. (2013), "Multi-CoVaR and Shapley value: A systemic risk measure," *working paper, Banque de France.*

Embrechts, P., Mcneil, A. J. and Straumann, D. (2002), "Correlation and dependence in risk, management: Properties and pitfalls," *Risk management: Value at risk and beyond*, 176-223.

Engle, R. (2002), "Dynamic conditional correlation: A simple class of multivariate GARCH models," *Journal of Business and Economic Statistics*, 20(3), 339-350.

Girardi, G. and Ergün, A. T. (2013), "Systemic risk measurement: Multivariate GARCH estimation of CoVaR," *Journal of Banking & Finance*, 37, 3169-3180.

Hafner, C. M. and Manner, H. (2012), "Dynamic stochastic copula models: Estimation, inference and applications," *Journal of Applied Econometrics*, 27, 269-295.

Hansen, B. E. (1994), "Autoregressive Conditional Density Estimation," *International Economic Review*, 35(3), 705-730.

Liesenfeld, R. and Richard, J. F. (2003), "Univariate and multivariate stochastic volatility models: estimation and diagnostics," *Journal of Empirical Finance*, 10, 505-531.

Mainik, G. and Schaanning, E. (2012), "On dependence consistency of CoVaR and some other systemic risk measures," *working paper, ETH, Zürich.*

Patton, A. J. (2006), "Modelling asymmetric exchange rate dependence," *International Economic Review*, 47(2), 527-556.

Reboredo, J. C. and Ugolini, A. (2015), "Systemic risk in European sovereign debt markets: A CoVaR-copula approach," *Journal of International Money and Fiance*, 51, 214-244.

内田善彦・菊池健太郎・丹羽文紀・服部彰夫 (2014),「システミック・リスク指標に関するサーベイ　手法の整理とわが国への適用可能性」,『金融研究』, 第 33 巻第 2 号, 1-46.

戸坂凡展・吉羽要直 (2005),「コピュラの金融実務での具体的な活用方法の解説」,『金融研究』, 第 24 巻別冊 2 号, 115-151.

増島雄樹 (2015),「システミック・リスクに関わる分析手法の動向と評価　国際的な潮流と日本への合意」, 金融庁金融研究センター ディスカッションペーパー, DP2014-10.

渡部敏明 (2000),『ボラティリティ変動モデル』, 朝倉書店.

(監物輝夫：一橋大学大学院 国際企業戦略研究科)

# 2　リスクベース・ポートフォリオの高次モーメントへの拡張 *

中川　慧

**概要**　2008 年のリーマンショック以降，伝統的な平均分散法に代わって，推定が困難な期待リターンを必要とせず，リスクのみに基づきポートフォリオを構築する方法が実務を中心に注目を集めている．このようなリスクベースのポートフォリオ構築手法としては，最小分散ポートフォリオ，リスクパリティ・ポートフォリオ，最大分散度ポートフォリオなどが代表的である．しかしながら，これらのリスクベースのポートフォリオ構築手法は，リスクを分散共分散行列 (2 次のモーメント) のみで捉えており，実際の資産収益率分布が示すような非正規性，つまり分布の歪み (3 次のモーメント) や，尖り (4 次のモーメント) をリスクとして捉えられていない．その結果，いわゆるテールリスクを過少評価したポートフォリオ構築手法となっていると考えられる．そこで本稿では，テールリスクまで考慮したリスクベースのポートフォリオ構築手法について考察する．具体的には実際の価格データを用いた資産配分の実証分析を実施し，高次モーメントを考慮することにより，代表的なリスクベース・ポートフォリオである最小分散ポートフォリオ，リスクパリティ・ポートフォリオ，最大分散度ポートフォリオのいずれにおいても事後的な歪度・尖度特性が改善し，パフォーマンスも改善することを確認した．

* 本稿の作成にあたり吉田健一先生 (筑波大学) 及び第 24 回日本ファイナンス学会の討論者の山本零先生 (武蔵大学) から有益なコメントを頂戴した．この場を借りて，感謝の意を表す．

## 1 はじめに

Markowitz (1952) により提案されて以来長らく，平均分散法はポートフォリオ構築もしくは資産配分等の目的で実務において最も使用されてきた．現在でも投資意思決定において極めて重要なフレームワークである．その理由としては，平均分散法は問題がシンプルで実務上扱いやすいだけでなく，期待効用最大化原理と整合的であるため，理論的な正当性が得られることが挙げられる．平均分散法は期待リターン，分散，資産間の相関をそれぞれ推計し，それらをインプットとして与え，様々な投資制約のもとで最適化により資産配分を決定する手法である．ただし平均分散法が期待効用最大化原理と整合的であるためには，投資家の効用関数に制約を加えるか，投資対象資産の収益率分布に制約をかける必要がある．その代表的な十分条件として，(1) 投資家の効用関数が 2 次関数型である，または (2) 投資対象資産の収益率分布が正規分布に従う，のいずれかの条件が仮定される．(1) の投資家の効用関数を 2 次関数型と仮定すると，現実の投資家の投資行動とは相反するものとなることを複数の実証分析が示している (池田 (2000))．ゆえに実際には，(2) の投資対象資産の収益率の分布に正規性の仮定を置くことが多い．加えて正規性を仮定することで計算や統計処理が簡便になるため，研究者や実務家に重宝されてきた．一方で，この正規性の仮定に疑問を呈する研究も古くから提示されてきた．一例として Mandelbrot (1997) は資産のリターンが正規性を持たないことを示している．その特徴は，正規分布と比較して，分布が左右対称でなく歪み (Skew) があり，裾厚 (Fat-tailed) あるいは急尖的 (Leptokurtic) という言葉で表現される．このような分布の歪みと裾は，大きな正のリターンが出現する確率と大きな負のリターンが出現する確率の相対的な格差を示す歪度 (3 次のモーメント) と，分布のピークと裾が正規分布と比べてどれだけ異なるかを示す尖度 (4 次のモーメント) で計測される．資産リターンの正規性に対する様々な批判を受け，平均分散法を拡張して，期待効用最大化原理に整合的な形で尖度や歪度を考慮したポートフォリオが提案されている．例えば，山本 (2015) ではダウンサイドリスク抑制の観点から歪度管理の重要性を理論的かつ株式ポートフォリオの実証例とともに述べている．平均・分散・歪度ポートフォリオ構築の効率的な計算方法は山本・今野 (2005) によって提案されている．また，平均・分散・歪度・尖度ポートフォリオの期待効用理論を踏まえた理論的な研究として Jondeau and Rockinger (2006) があり，その効率的な計算方法として，Lai et al. (2006) の PGP (Polynomial Goal Programming) 法を用いた方法がある．特に 2008 年のリーマンショック以降，歪度や尖度だけでなく，相関関係の非線形性といった市場の構造をさらに正確に取り入れた，より精緻なポートフォリオ構築手法に注目が集まっている (加藤 (2011))．

しかし，前述の (1) または (2) のいずれかの前提を受け入れたとしても，平均分散法にはいくつかの実務上の課題がある．最もよく指摘される点は，そもそもインプットとなる期待収益率の正確な値を予測することが非常に困難であるという点である．リーマンショックやギリシャ危機等を例に，市場の不確実性が高まっており，このような市場環境下で期待収益率の推定はより困難になっていると考えられる．さらに期待リターンの小さな変化に対して最適なポートフォリオが大きく異なってしまうという点も課題として挙げられる．リターンの変動が激しい近年のような局面においては，特にその影響が大きく，真の最適ポートフォリオから大きく乖離したポートフォリオを構築してしまう可能性もある．このような問題点から平均分散法によるポートフォリオ最適化は “Error Maximization” と呼ばれることもある．

一方でリスクの尺度である資産リターンの標準偏差については，しばしばボラティリティ・クラスタリングという現象が観察される．これは何らかのショックで時系列の変動が大きくなると，しばらく変動の大きい時期が持続し，大きな変動が収まると変動の小さい時期が持続する現象である．この現象のため期待リターンに比して，リスクは相対的に推定が容易である．そこで，推定の困難な期待収益率の推計を必要とせず，リスクのみに基づきポートフォリオを構築するリスクベースのポートフォリオ構築方法が平均分散法に代わって実務を中心に注目を集めている．このようなリスクベースのポートフォリオ構築手法としては，最小分散ポートフォリオ，リスクパリティ・ポートフォリオ，最大分散度ポートフォリオなどが代表的である．実際に，株式ポートフォリオや資産配分を対象とした様々な実証分析やバックテストにおいて，これらのリスクベースのポートフォリオ構築手法は平均分散ポートフォリオや時価総額加重型のポートフォリオに比べて良好なパフォーマンスを示している．そのためこのようなコンセプトで設計された投資信託や年金運用も増えてきている．しかしながら，これら代表的なリスクベースのポートフォリオ構築手法は，リスクを分散共分散行 (2 次のモーメント) のみで捉えており，実際の資産収益率分布が示す非正規性，つまり分布の歪みや，尖りをリスクとして捉えていない．そのため 2 次のモーメントの観点からリスクを最小化しても，3 次や 4 次のモーメントの観点からは何らかのリスクを取っている可能性があり，テールリスクを考慮できていない恐れがある．

そこで本稿ではテールリスクを考慮したリスクベースのポートフォリオ構築手法について考察する．具体的には実際の価格データを用いた資産配分を実証分析し，高次モーメントを考慮することにより，代表的なリスクベース・ポートフォリオである最小分散ポートフォリオ，リスクパリティ・ポートフォリオ，最大分散度ポートフォリオのいずれにおいても事後的な歪度・尖度特性が改善し，パフォーマンスも改善することを確認した．

本稿の構成は以下の通りである．まず 2 章で代表的なリスクベースのポートフォリオ構築方法とそれらポートフォリオ間の関係とその課題を整理する．3 章では，リスクベースのポートフォリオ構築手法を高次モーメントまで考慮した定式化を考察する．4 章で高次モーメントを考慮した手法と従来手法を用いた資産配分の実証分析とその考察を行った後，まとめと今後の課題を述べる．

## 2 リスクベース・ポートフォリオの先行研究

本章では広く知られたリスクベースのポートフォリオ構築手法を先行研究に言及しながら概観するとともに，各ポートフォリオがそれぞれどのような関係にあるかを整理する．以下では，$N$ 個の資産を考え，それらの収益率 (確率変数) を $\boldsymbol{R} = (R_1, \cdots, R_N)^{\mathrm{T}}$，それぞれのウェイトを $\boldsymbol{w} = (w_1, \cdots, w_N)^{\mathrm{T}}$，期待収益率を $\boldsymbol{\mu} = (\mu_1, \cdots, \mu_N)^{\mathrm{T}}$，分散共分散行列を $\boldsymbol{\Sigma} = E[(\boldsymbol{R}-\boldsymbol{\mu})(\boldsymbol{R}-\boldsymbol{\mu})^{\mathrm{T}}]$

と書く.

### 2.1 最小分散ポートフォリオ

最小分散ポートフォリオは Markowitz (1952) が展開した平均分散法に基づき, 効率的フロンティア上にあるポートフォリオのうち, 最もリスクが小さいポートフォリオを指す. つまり通常の平均分散法とは異なり期待リターンとリスク回避度を用いず, ポートフォリオの分散である $\sigma_P^2$ のみを最小化するという以下の (1) 式の解をウェイトとするポートフォリオである.

$$\min_{\boldsymbol{w}} \sigma_P^2 = \boldsymbol{w}^{\mathrm{T}} \boldsymbol{\Sigma} \boldsymbol{w} \tag{1}$$

$$s.t. \sum_{i=1}^{N} w_i = 1, w_i > 0$$

最小分散ポートフォリオは投資対象の各資産の期待リターンが全て同一であれば, 平均分散の意味でも効率的なポートフォリオになる.

古くからある最小分散ポートフォリオが注目される理由には Clarke et al. (2006) や山田・上崎 (2009) 等の興味深い実証結果がある. Clarke et al. (2006) は 1968 年から 2005 年までの長期の米国の株式市場を対象とした最小分散ポートフォリオが, 運用のパフォーマンス評価のベンチマークとして用いられる時価総額加重ポートフォリオと比べて, リスクが低くリターンが高いという結果を報告している. 同様に山田・上崎 (2009) は日本の株式市場を対象とした実証分析を行い時価加重型のポートフォリオに比して, 高いリスク調整後のリターンを獲得している. これは低ボラティリティ・アノマリーと呼ばれ, 既存の時価総額をベースとしたポートフォリオによるリスク・リターンの考え方に一石を投じた. またいくつかの株式市場をユニバースとする最小分散ポートフォリオの実証分析である石部 (2007) においては次のような傾向が生じるとされている. (1) 小型/バリュー銘柄に偏る. (2) 小売/食品等のディフェンシブな業種に偏る. (3) 時価総額加重型の指数をベンチマークとした場合にトラッキングエラーが大きくなる.

最小分散ポートフォリオの良好なパフォーマンスについては行動ファイナンスの視点からいくつか解釈が与えられている. 伝統的なファイナンス理論では

リスクには対価 (プレミアム) があり，リスクのない裁定機会は存在しないと解釈されるが，行動ファイナンスではミスプライスあるいはアノマリーという一種の裁定を認める．Shleifer (2000) ではミスプライスが発生する原因を，裁定の限界と非合理的取引に二分している．低ボラティリティ・アノマリーが生じる前者の解釈としては，Baker et al. (2011) の，多くの機関投資家が，特定の株式指数を「ベンチマーク」とし，そのリターンを上回る運用成績を目標とする「ベンチマーク運用」を強いられていることにあるとの指摘がある．市場の上昇を見込む限りにおいて機関投資家は高ベータ選好，すなわちハイリスク銘柄への選好を強いられ，そしてこれによって生まれる需給によってハイリスク銘柄は過大評価される傾向がある．一方，後者の解釈としては，高ボラティリティ銘柄は射幸心を煽るため投機対象としての魅力があると思われ，Barberis and Huang (2007) は宝くじのつもりでこれらの銘柄に投資する投資家が，それらの銘柄を過大評価する結果，超過リターンが平均すれば負になることを指摘した．

### 2.2　リスクパリティ・ポートフォリオ

リスクパリティ・ポートフォリオは全ての資産のリスク寄与度 (配分) が等しいポートフォリオである (Qian (2005))．一般に年金運用のポートフォリオには，リスク寄与度に大きな偏りがあると言われてきた．債券と株式に分散投資をしても，株式のリスクは債券より大幅に大きいため，ポートフォリオのリスク寄与度は株式が大半を占める [1)]．そもそも分散投資を行うのは，ある資産が不調の時に，他の資産で全体のパフォーマンスを支えることを期待しているからである．しかし，株式のリスク寄与度が大半を占める状態では，他の資産が株式の不調を補うまでには至らず，期待した分散投資による効果が得られない．リスクパリティ・ポートフォリオは，こうした状態に対する代替案として提唱された．リスクパリティの概念は，資産配分問題へ適用され多くの先行研究が

---

1)　例えば，GPIF は国内外の株式と債券の基本ウェイトと，GPIF のリスク (分散共分散行列) 見通しを公表している．基本ポートフォリオの株式のウェイトは国内株式 25%+外国株式 25%＝50%であるにもかかわらず，リスク寄与度は国内株式 40%+外国株式 51%＝ 91%とポートフォリオのリスクの寄与度の 9 割が株式の変動で占められていることになる．(平成 26 年業務概況書 http://www.gpif.go.jp/operation/state/pdf/h26_q4.pdf)

ある．例えば Qian (2005) は，株式と債券への投資割合が 60:40 の伝統的なバランス型のポートフォリオと比較して，リスクパリティ・ポートフォリオのパフォーマンスがシャープレシオで測ってより効率的であることを実証している．

リスクパリティ・ポートフォリオの具体的な定式化のため，ポートフォリオの分散 $\sigma_P^2 = \boldsymbol{w}^{\mathrm{T}}\boldsymbol{\Sigma}\boldsymbol{w}$ をウェイト $\boldsymbol{w}$ で微分した (2) 式の 2 次の限界リスク寄与 (Marginal Risk Contribution; $MRC_2$) を定義する．これによりポートフォリオの分散は (3) 式のように $MRC_2$ を用いて分解することができる．そして (3) 式をポートフォリオの分散で除すことで，分散の寄与度，すなわち (4) 式の 2 次のリスク寄与度 (Risk Contribution; $RC_2$) が定義される．リスクパリティ・ポートフォリオの満たす条件は，この $RC_{2,i}$ が各資産で一定になることである．

$$MRC_2 = \frac{1}{2}\frac{\partial \sigma_P^2}{\partial \boldsymbol{w}} = \boldsymbol{\Sigma}\boldsymbol{w} \tag{2}$$

$$\sigma_P^2 = \sum_{i=1}^{N} w_i \times MRC_{2,i} = \boldsymbol{w}^{\mathrm{T}} MRC_2 \tag{3}$$

$$RC_{2,i} = \frac{w_i \times MRC_{2,i}}{\sigma_P^2} \tag{4}$$

空売りとレバレッジを許さない場合には Maillard et al. (2008) において (5) 式の最小化問題を解くことで効率的にウェイトが計算できることが示されている．

$$\begin{aligned} &\min_{\boldsymbol{w}} \sum_{i=1}^{N}\sum_{j=1}^{N} (RC_{2,i} - RC_{2,j})^2 \\ &s.t. \sum_{i=1}^{N} w_i = 1, w_i > 0 \end{aligned} \tag{5}$$

またウェイトを計算する際に，(6) 式のように資産間の共分散を考慮せずに各資産の分散 $\sigma_i^2$ のみを考慮する，すなわち分散の逆数をリスクの寄与度として，これを一定にするいわゆるボラティリティインバースも，簡便なリスクパリティ・ポートフォリオとして使用される．

$$w_i = \frac{1/\sigma_i^2}{1/\sum_{i=1}^{N} \sigma_i^2} \tag{6}$$

### 2.3 最大分散度ポートフォリオ

Choueifaty (2008) は，ポートフォリオの分散効果が最も享受できる最大分散度ポートフォリオを提案した．これは (7) 式で定義される分散度 (Diversification Ratio; $DR$) というポートフォリオのリスクに対する平均ボラティリティを最大化するポートフォリオであり，直感的には相関の低い資産をより多く組み入れるポートフォリオである．あるいはシャープレシオ最大化ポートフォリオにおいて，ポートフォリオの期待超過リターンの代わりにリスクを使ったものとみることもできる．最大分散度ポートフォリオは $DR$ の分母と分子が共に非負であるため，非負のウェイトが算出される．

$$\max_{\boldsymbol{w}} DR(\boldsymbol{w}) = \frac{\sum_{i=1}^{N} w_i \sigma_i}{\sigma_P} \tag{7}$$

(7) 式の分母であるポートフォリオのリスク $\sigma_P$ が小さいと $DR$ の最大化につながり，分子のウェイト加重したボラティリティ $\sum_{i=1}^{N} w_i \sigma_i$ が大きいと $DR$ の最大化につながる．$DR$ の最大化にあたって分母 $\sigma_P$ と分子 $\sum_{i=1}^{N} w_i \sigma_i$ の両者は連動して高まるが，分母には相関項があるため，結果として相関の小さいポートフォリオが構築される．

Choueifaty (2008) は，SP500 構成銘柄及び Euro Stoxx Large Cap Index 構成銘柄をユニバースとした米国/欧州の株式ポートフォリオの実証分析を行い，最大分散度ポートフォリオが時価総額加重型のポートフォリオや他のリスクベースのポートフォリオを上回るパフォーマンスを上げると報告している．

### 2.4 各ポートフォリオの関係と課題

リスクベースのポートフォリオは期待リターンを考慮していないため，構築したポートフォリオが平均分散の意味で効率的な最適ポートフォリオである保障はない．ただし，投資対象資産が特定の条件を満たす場合には平均分散の意味で効率的になる．リスクベースのポートフォリオはポートフォリオ構築手法のわかりやすさや，多くの実証分析の結果から平均分散法や時価総額加重型に比べて良好なパフォーマンスを獲得できることにより注目を集めている．しかし，なぜこれらのリスクベース・ポートフォリオのパフォーマンスが優れているかについての説明は難しく，議論の分かれるところでもある．そのような問題意識から Lee (2011) では，異なるポートフォリオ構築方法によるパフォーマンス差異は，構築時に想定していた期待リターン等の前提に依拠するものであり，各リスクベース・ポートフォリオと平均分散効率的なポートフォリオとの関係を理論的に整理し，再確認することの重要性を示している．直感的にはリスクベースのポートフォリオは各資産の期待リターンがリスクと比例関係にある，つまりシャープレシオが各資産で一定である場合には平均分散の意味で効率的になることがわかる．一方で，大幅にリスク対比で高いリターンが得られる資産が存在する場合には，その資産に大きく配分できないリスクベースのポートフォリオは効率的ではなくなる．大森・矢野 (2013) を参考に各ポートフォリオが平均分散の意味で効率的になる条件とそれぞれのリスクベースのポートフォリオがどのような関係にあるかを整理したのが図 2-1 である．

2.1〜2.3 で述べたリスクベース・ポートフォリオの先行研究においては，リスクパリティ・ポートフォリオの高次モーメントへの拡張を議論した Baitinger et al. (2015) を除き，2 次以降の高次モーメントをリスクとして考慮できていない．

そこで，3 節ではリスクベース・ポートフォリオの高次モーメントへの拡張

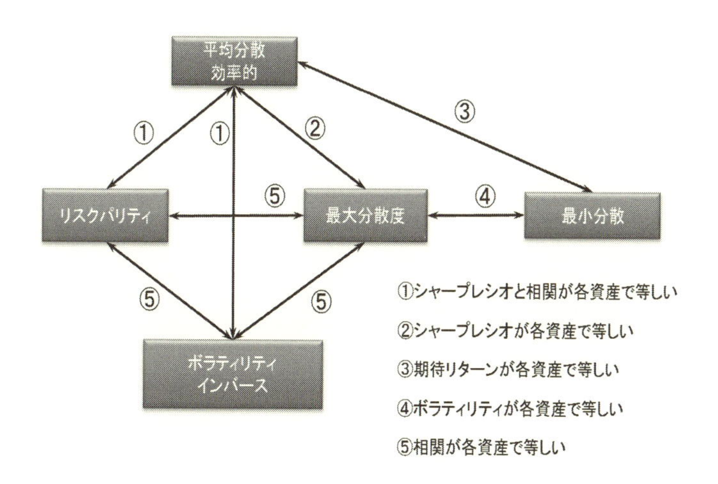


**図 2-1**　ポートフォリオ間の関係と平均分散の意味で効率的になる条件

について議論を行う．本稿ではリスクパリティ・ポートフォリオに加え，最小分散ポートフォリオと最大分散度ポートフォリオの高次モーメントへの拡張を行う．そして 4 節で高次モーメントを考慮した最小分散，リスクパリティ，最大分散度のポートフォリオと従来手法のリスクベース・ポートフォリオの実証分析を行い，高次モーメントを加えることの効果を資産配分を例に確認する．

## 3　リスクベース・ポートフォリオの高次モーメントへの拡張

本節ではリスクベースのポートフォリオ構築手法である最小分散ポートフォリオ，リスクパリティ・ポートフォリオと最大分散度ポートフォリオについて，より高次モーメントを加えた定式化を行う．

以下では，$N$ 個の資産の収益率 (確率変数) を $\boldsymbol{R} = (R_1, \cdots, R_N)^{\mathrm{T}}$，それぞれのウェイトを $\boldsymbol{w} = (w_1, \cdots, w_N)^{\mathrm{T}}$，期待収益率を $\boldsymbol{\mu} = (\mu_1, \cdots, \mu_N)^{\mathrm{T}}$ と書く．$i, j, k, l$ をそれぞれ 1 から $N$ までの自然数とすると，1 次から 4 次までの各次数のモーメント行列 $\boldsymbol{M}$ は以下のように書ける [2)]．なお，$\otimes$ はクロネッカー積を表す．

$$\boldsymbol{M_1} = E[\boldsymbol{R}] = \{\mu_i\} \tag{8}$$

$$\boldsymbol{M_2} = E[(\boldsymbol{R} - \boldsymbol{\mu})(\boldsymbol{R} - \boldsymbol{\mu})^{\mathrm{T}}] = \{\sigma_{ij}\} \tag{9}$$

$$\boldsymbol{M_3} = E[(\boldsymbol{R} - \boldsymbol{\mu})(\boldsymbol{R} - \boldsymbol{\mu})^{\mathrm{T}} \otimes (\boldsymbol{R} - \boldsymbol{\mu})^{\mathrm{T}}] = \{s_{ijk}\} \tag{10}$$

$$\boldsymbol{M_4} = E[(\boldsymbol{R} - \boldsymbol{\mu})(\boldsymbol{R} - \boldsymbol{\mu})^{\mathrm{T}} \otimes (\boldsymbol{R} - \boldsymbol{\mu})^{\mathrm{T}} \otimes (\boldsymbol{R} - \boldsymbol{\mu})^{\mathrm{T}}] = \{k_{ijkl}\} \tag{11}$$

$$\{\sigma_{ij}\} = E[(R_i - \mu_i)(R_j - \mu_j)] \tag{12}$$

$$\{s_{ijk}\} = E[(R_i - \mu_i)(R_j - \mu_j)(R_k - \mu_k)] \tag{13}$$

$$\{k_{ijkl}\} = E[(R_i - \mu_i)(R_j - \mu_j)(R_k - \mu_k)(R_l - \mu_l)] \tag{14}$$

(8) 式〜(11) 式のモーメント行列は，$m$ をモーメントの次数とすると，それぞれ $(N \times N^{m-1})$ 行列となる．具体的に $\boldsymbol{M_3}$ は，(13) 式のうち $i$ を固定してできる行列を $\boldsymbol{S_{ijk}}$ とすると，以下のように書ける．

---

2)　5 次以降のモーメント行列もクロネッカー積を用いて同様に定義できる．

$$\boldsymbol{S_{ijk}} = \begin{pmatrix} s_{i11} & \dots & s_{i1k} \\ \vdots & \ddots & \vdots \\ s_{ij1} & \dots & s_{ijk} \end{pmatrix} \tag{15}$$

$$\boldsymbol{M_3} = [\boldsymbol{S_{1jk}}, \boldsymbol{S_{2jk}}, \cdots, \boldsymbol{S_{Njk}}]$$

同様に $\boldsymbol{M_4}$ は，(14) 式のうち $i, j$ を固定してできる行列を $\boldsymbol{K_{ijkl}}$ とすると，以下のように書ける．

$$\boldsymbol{K_{ijkl}} = \begin{pmatrix} k_{ij11} & \dots & k_{ij1k} \\ \vdots & \ddots & \vdots \\ k_{ijk1} & \dots & k_{ijkl} \end{pmatrix} \tag{16}$$

$$\boldsymbol{M_4}$$
$$= [\boldsymbol{K_{11kl}}, \cdots, \boldsymbol{K_{1Nkl}} | \boldsymbol{K_{21kl}}, \cdots, \boldsymbol{K_{2Nkl}} |, \cdots, | \boldsymbol{K_{N1kl}}, \cdots, \boldsymbol{K_{NNkl}}]$$

以上のモーメント行列を用いると，ポートフォリオの平均 $\mu_P$，分散 $\sigma_P^2$，歪度 $s_P^3$，尖度 $k_P^4$ はそれぞれの次のように表現できる (Jondeau and Rockinger (2006))．

$$\mu_P = \boldsymbol{w}^{\mathrm{T}} \boldsymbol{M_1} \tag{17}$$

$$\sigma_P^2 = \boldsymbol{w}^{\mathrm{T}} \boldsymbol{M_2} \boldsymbol{w} \tag{18}$$

$$s_P^3 = \boldsymbol{w}^{\mathrm{T}} \boldsymbol{M_3} (\boldsymbol{w} \otimes \boldsymbol{w}) \tag{19}$$

$$k_P^4 = \boldsymbol{w}^{\mathrm{T}} \boldsymbol{M_4} (\boldsymbol{w} \otimes \boldsymbol{w} \otimes \boldsymbol{w}) \tag{20}$$

### 3.1　最小分散ポートフォリオの拡張

Markowitz (1952) の平均分散法に，より高次のモーメントである (19) 式の歪度と (20) 式の尖度を考慮した最適ポートフォリオは以下のように拡張される (Kleniati et al. (2009))．

$$\max_{\boldsymbol{w}} \gamma_1 \mu - \gamma_2 \sigma_P^2 + \gamma_3 s_P^3 - \gamma_4 k_P^4 \tag{21}$$

$$s.t. \sum_{i=1}^{N} w_i = 1, w_i > 0$$

$\gamma_1$～$\gamma_4(>0)$ は各ポートフォリオのモーメントに対するリスク回避度に基づく重みであり，奇数次のモーメントには正，偶数次のモーメントには負の符号を与える．(21) 式に対し，符号に注意して単純に期待リターンを除き，それ以外のモーメントである分散，歪度，尖度の合計である総リスク $TR(\boldsymbol{w})$ を最小化するポートフォリオを考えると，

$$\min_{\boldsymbol{w}} TR(\boldsymbol{w}) = \lambda_1\sigma_P^2 - \lambda_2 s_P^3 + \lambda_3 k_P^4 \tag{22}$$

$$s.t. \sum_{i=1}^{N} w_i = 1, w_i > 0$$

と書ける．$\lambda_1$～$\lambda_3(>0)$ は各次数のモーメント間のトレードオフを考慮するための重みである．

### 3.2　リスクパリティ・ポートフォリオの拡張

リスクパリティ・ポートフォリオの高次モーメントへの拡張については Baitinger et al. (2015) において議論されている．以下で Baitinger et al. (2015) と同様の定式化を行う．まずは通常のリスクパリティ・ポートフォリオと同様に，(19) 式の歪度と (20) 式の尖度をウェイト $\boldsymbol{w}$ で微分した 2 次から 4 次までの限界リスク寄与 ($MRC$) をそれぞれ定義する．

$$MRC_2 = \frac{1}{2}\frac{\partial\sigma_P^2}{\partial\boldsymbol{w}} = \boldsymbol{M_2 w} \tag{23}$$

$$MRC_3 = \frac{1}{3}\frac{\partial s_P^3}{\partial\boldsymbol{w}} = \boldsymbol{M_3}(\boldsymbol{w}\otimes\boldsymbol{w}) \tag{24}$$

$$MRC_4 = \frac{1}{4}\frac{\partial k_P^3}{\partial\boldsymbol{w}} = \boldsymbol{M_4}(\boldsymbol{w}\otimes\boldsymbol{w}\otimes\boldsymbol{w}) \tag{25}$$

(23) 式～(25) 式の各次数の $MRC$ を用いると，次のようにポートフォリオのモーメントを分解することができる．

$$\sigma_P^2 = \sum_{i=1}^{N} w_i \times MRC_{2,i} = \boldsymbol{w}^{\mathrm{T}} MRC_2 \tag{26}$$

$$s_P^3 = \sum_{i=1}^{N} w_i \times MRC_{3,i} = \boldsymbol{w}^{\mathrm{T}} MRC_3 \tag{27}$$

$$k_P^4 = \sum_{i=1}^{N} w_i \times MRC_{4,i} = \boldsymbol{w}^{\mathrm{T}} MRC_4 \tag{28}$$

通常のリスクパリティのケースと同様に (26) 式〜(28) 式をそれぞれ各次数のモーメントで除したリスクの寄与度 $(RC)$ を定義する.

$$RC_{2,i} = \frac{w_i \times MRC_{2,i}}{\sigma_P^2} \tag{29}$$

$$RC_{3,i} = \frac{w_i \times MRC_{3,i}}{s_P^3} \tag{30}$$

$$RC_{4,i} = \frac{w_i \times MRC_{4,i}}{k_P^4} \tag{31}$$

以上を踏まえ, $\lambda_1$〜$\lambda_3 (> 0)$ を各モーメントの重みとして考慮し, 各次数において $RC$ が一定になるという条件の下で最適化を行う. これにより各次数の $RC$ 間のトレードオフを考慮した解が得られる.

$$\min_{\boldsymbol{w}} \lambda_1 f_1(\boldsymbol{w}) + \lambda_2 f_2(\boldsymbol{w}) + \lambda_3 f_3(\boldsymbol{w}) \tag{32}$$

$$s.t. \sum_{i=1}^{N} w_i = 1, w_i > 0$$

$$f_1(\boldsymbol{w}) = \sum_{i=1}^{N} \sum_{j=1}^{N} (RC_{2,i} - RC_{2,j})^2$$

$$f_2(\boldsymbol{w}) = \sum_{i=1}^{N} \sum_{j=1}^{N} (RC_{3,i} - RC_{3,j})^2$$

$$f_3(\boldsymbol{w}) = \sum_{i=1}^{N} \sum_{j=1}^{N} (RC_{4,i} - RC_{4,j})^2$$

### 3.3　最大分散度ポートフォリオの拡張

最大分散度ポートフォリオの (7) 式の分散度 $(DR)$ を拡張し, 2 次から 4 次までの各次数のモーメントの分散度をそれぞれ定義する.

$$DR_2(\boldsymbol{w}) = \frac{\sum_{i=1}^{N} w_i \sigma_{ii}}{\sigma_P^2} \tag{33}$$

$$DR_3(\boldsymbol{w}) = \frac{\sum_{i=1}^{N} w_i s_{iii}}{s_P^3} \tag{34}$$

$$DR_4(\boldsymbol{w}) = \frac{\sum_{i=1}^{N} w_i k_{iiii}}{k_P^4} \tag{35}$$

(33) 式〜(35) 式の各次数の $DR$ を用いると, 次のように最大分散度ポートフォリオを高次モーメントへ拡張することができる．符号に注意して，各モーメントの重みである $\lambda_1 \sim \lambda_3 (>0)$ で加重した各次数の分散度の和を最大化するポートフォリオを考えると，

$$\max_{\boldsymbol{w}} \lambda_1 DR_2(\boldsymbol{w}) - \lambda_2 DR_3(\boldsymbol{w}) + \lambda_3 DR_4(\boldsymbol{w}) \tag{36}$$
$$s.t. \sum_{i=1}^{N} w_i = 1, w_i > 0$$

と書ける．

(36) 式の第 1 項と第 3 項の分母である，ポートフォリオの分散 $\sigma_P^2$ と尖度 $k_P^4$ が小さいと $DR$ の最大化につながり，分子であるウェイト加重した分散 $\sum_{i=1}^{N} w_i\sigma_{ii}$ と尖度 $\sum_{i=1}^{N} w_i k_{iiii}$ は大きいと $DR$ の最大化につながる．$DR$ の最大化にあたって分母と分子の両者は連動して高まるが，分母には共分散項及び共尖度項があるため，結果として共分散と共尖度が小さいポートフォリオが構築される．また第 2 項については，符号を考慮すると，分母であるポートフォリオの歪度 $s_P^3$ が大きいと $DR$ の最小化につながり，分子であるウェイト加重した歪度 $\sum_{i=1}^{N} w_i s_{iii}$ は小さい方が $DR$ の最小化につながる．$DR$ の最小化にあたって分母と分子の両者は連動するが，分母には共歪度項があるため，共歪度が大きいポートフォリオが構築される．

## 4 実 証 分 析

本節ではリスクベースのポートフォリオ構築手法である最小分散 (MV)，リスクパリティ (RP)，最大分散度 (MD)，ボラティリティインバース (VI) 及び等ウェイト (EW) のそれぞれの手法と，高次モーメントを含めた最小分散 (MV*)，リスクパリティ (RP*) 及び最大分散度 (MD*) について実際の価格データを用いた実証分析により比較を行う．比較においては運用効率を示すシャープレシオと最終的な富の水準 (合計収益率) を評価項目とする．また高次モーメントを加味することで，ポートフォリオの分布特性が変化するかどうかをみるために事後的な歪度・尖度も合わせて計測する．

### 4.1 デ ー タ

資産配分に使用される代表的な日米欧の株式と債券の指数である TOPIX, 野村 BPI(総合), SP500, Barclays U.S Aggregate Bond, Euro STOXX 50, Barclays Euro Aggregate Bond の 6 指数を使用してシミュレーションを行う. データ期間は 1998/7/30 から 2016/4/28 までの日次データ (日本営業日ベース) とする [3]. 全データ期間における各指数の統計量と相関係数行列が表 2-1 と表 2-2 である.

またこれら全ての指数で正規性に関する検定結果において, 非正規性が示唆されている. そのためテールリスクを抑制するためには尖度・歪度を明示的に考慮する必要がある.

表 2-1 各指数の統計量

| | TOPIX | 野村BPI(総合) | S&P 500 | Barclays U.S Aggregate Bond | Euro STOXX 50 | Barclays Euro Aggregate Bond |
|---|---|---|---|---|---|---|
| 年率リターン(%) | 2.86% | 2.23% | 7.48% | 5.26% | 4.96% | 5.11% |
| 年率標準偏差(%) | 22.40% | 2.47% | 20.14% | 3.85% | 24.64% | 3.21% |
| シャープレシオ(倍) | 0.13 | 0.90 | 0.37 | 1.37 | 0.20 | 1.59 |
| 歪度 | −0.13 | −0.30 | −0.05 | −0.11 | 0.19 | −0.35 |
| 尖度 | 8.58 | 9.15 | 10.43 | 4.89 | 7.91 | 6.36 |

表 2-2 指数間の相関係数行列

| | ①TOPIX | ②野村BPI(総合) | ③S&P 500 | ④Barclays U.S Aggregate Bond | ⑤Euro STOXX 50 | ⑥Barclays Euro Aggregate Bond |
|---|---|---|---|---|---|---|
| ① | 1.00 | | | | | |
| ② | −0.25 | 1.00 | | | | |
| ③ | 0.17 | −0.07 | 1.00 | | | |
| ④ | −0.02 | 0.10 | −0.25 | 1.00 | | |
| ⑤ | 0.31 | −0.10 | 0.57 | −0.22 | 1.00 | |
| ⑥ | −0.07 | 0.13 | −0.15 | 0.50 | −0.22 | 1.00 |

表 2-3 各指数の正規性の検定結果 [4]

| | | TOPIX | 野村BPI(総合) | S&P 500 | Barclays U.S Aggregate Bond | Euro STOXX 50 | Barclays Euro Aggregate Bond |
|---|---|---|---|---|---|---|---|
| Shapiro-Wilk | W | 0.96 | 0.93 | 0.92 | 0.98 | 0.95 | 0.97 |
| | P値 | 1.3e−34 | 3.3e−40 | 2.4e−43 | 2.5e−22 | 1.5e−36 | 1.4e−29 |
| Kolmogorov-Smirnov | D | 0.05 | 0.07 | 0.08 | 0.04 | 0.06 | 0.05 |
| | P値 | 7.6e−11 | 2.2e−16 | 2.2e−16 | 3.6e−06 | 5.6e−16 | 2.2e−09 |
| Jarque-Bera | X2 | 5,646 | 6,911 | 9,996 | 655 | 4,394 | 2,137 |
| | Df | 2 | 2 | 2 | 2 | 2 | 2 |
| | P値 | 2.2e−16 | 2.2e−16 | 2.2e−16 | 2.2e−16 | 2.2e−16 | 2.2e−16 |

3) データは Bloomberg, FAME から取得した.
4) 帰無仮説 $H_0$ は「正規分布に従う」であり, $p$ 値が低い場合には帰無仮説を棄却できる.

## 4.2 分　　析　　1

シミュレーションの条件は次の通りである．まず分散や歪度等のパラメータの推定期間は 2 年 (500 日) とする．$r_{it}$ をある資産 $i$ の時点 $t < T$ でのリターンとする．各パラメータの推定方法は Kleniati et al. (2009) と同様に，標本平均，標本共分散，標本共歪度，標本共尖度を計算し，(8) 式〜(11) 式のモーメント行列の形で集計したものとする．

$$\hat{M}_1 = \{\hat{\mu}_i\} = \frac{1}{T}\sum_{t=1}^{T} r_{it} \tag{37}$$

$$\hat{M}_2 = \{\hat{\sigma}_{ij}\} = \frac{1}{T}\sum_{t=1}^{T}(r_{it} - \hat{\mu_i})(r_{jt} - \hat{\mu_j}) \tag{38}$$

$$\hat{M}_3 = \{\hat{s}_{ijk}\} = \frac{1}{T}\sum_{t=1}^{T}(r_{it} - \hat{\mu_i})(r_{jt} - \hat{\mu_j})(r_{kt} - \hat{\mu_k}) \tag{39}$$

$$\hat{M}_4 = \{\hat{k}_{ijkl}\} = \frac{1}{T}\sum_{t=1}^{T}(r_{it} - \hat{\mu_i})(r_{jt} - \hat{\mu_j})(r_{kt} - \hat{\mu_k})(r_{lt} - \hat{\mu_l}) \tag{40}$$

推定したモーメント行列を用いて毎月初にリバランスを行いウェイトを変更する．その際に (37)〜(40) 式に基づきパラメータの再推定を行う．なお，ポートフォリオ間の回転率の違いを考慮するため，取引コストとして片道 10bp をリバランス時に控除する．高次モーメントを加味したポートフォリオにおいて各モーメント間の重みを表す $\lambda_1$〜$\lambda_3$ はそれぞれ 1 とする．以上の条件のもとでシミュレーションを行った結果の各ポートフォリオのサマリーが表 2-4，全期間の平均ウェイトが表 2-5 である．また，最小分散，リスクパリティと最大分散度について期初の富を 1 とした場合の日々の富の水準が図 2-2 である．

表 2-4　各ポートフォリオのサマリー

| | MV* | MV | RP* | RP | MD* | MD | VI | EW |
|---|---|---|---|---|---|---|---|---|
| 年率リターン | 3.31% | 3.23% | 4.60% | 3.63% | 3.41% | 3.13% | 3.81% | 3.87% |
| 年率標準偏差 | 1.79% | 1.77% | 2.59% | 2.16% | 2.24% | 2.08% | 2.27% | 8.20% |
| シャープレシオ | 1.85 | 1.83 | 1.77 | 1.68 | 1.52 | 1.51 | 1.68 | 0.47 |
| 歪度 | −0.26 | −0.28 | 0.02 | −0.10 | −0.10 | −0.11 | −0.08 | 0.22 |
| 尖度 | 7.97 | 7.99 | 7.92 | 9.15 | 8.26 | 8.62 | 9.44 | 12.53 |
| 年間回転率 | 419% | 30% | 230% | 22% | 163% | 44% | 17% | − |
| 合計収益率 | 66% | 64% | 102% | 74% | 68% | 61% | 79% | 73% |
| 最大ドローダウン | −4.05% | −4.32% | −6.52% | −6.66% | −6.78% | −6.31% | −6.99% | −33.88% |

**表 2-5**　各ポートフォリオの全期間平均ウェイト

| | MV* | MV | RP* | RP | MD* | MD | VI | EW |
|---|---|---|---|---|---|---|---|---|
| TOPIX | 7.03% | 4.24% | 3.89% | 4.11% | 5.10% | 4.83% | 3.95% | 16.67% |
| 野村BPI(総合) | 22.35% | 42.28% | 27.46% | 43.08% | 46.83% | 55.21% | 38.44% | 16.67% |
| S&P 500 | 12.56% | 4.54% | 5.79% | 4.39% | 3.28% | 2.84% | 4.84% | 16.67% |
| Barclays U.S Aggregate Bond | 30.26% | 21.76% | 31.00% | 21.03% | 15.58% | 13.72% | 22.16% | 16.67% |
| Euro STOXX 50 | 7.89% | 3.37% | 4.45% | 3.36% | 3.76% | 3.18% | 3.82% | 16.67% |
| Barclays Euro Aggregate Bond | 19.91% | 23.80% | 27.42% | 24.04% | 25.44% | 20.22% | 26.78% | 16.67% |

| | MV* | MV | RP* | RP | MD* | MD | VI | EW |
|---|---|---|---|---|---|---|---|---|
| 株式比率 | 27.47% | 12.15% | 14.13% | 11.85% | 12.14% | 10.85% | 12.62% | 50.00% |
| 債券比率 | 72.53% | 87.85% | 85.87% | 88.15% | 87.86% | 89.15% | 87.38% | 50.00% |

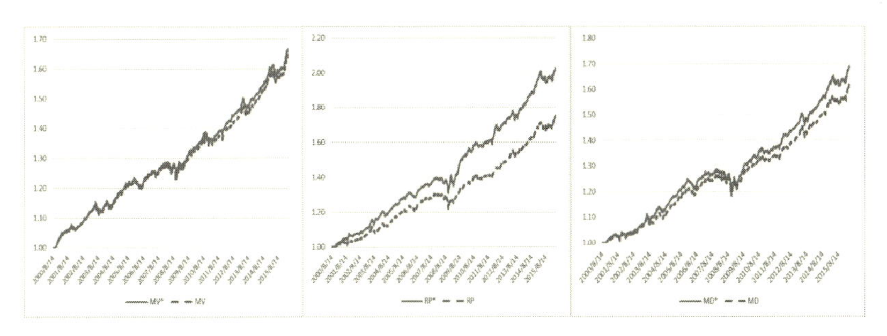

図 2-2　最小分散 (左)，リスクパリティ (中央) 及び最大分散度 (右) の日々の富

表 2-4 より最小分散ポートフォリオ (MV)，リスクパリティ・ポートフォリオ (RP)，最大分散度ポートフォリオ (MD) ともに高次モーメントまで考慮した場合 (MV*，RP*及び MD*) の方が，運用効率を示すシャープレシオと合計収益率において従来手法を上回っている．MV はもともとのリスクが低いため，シャープレシオは 0.02 ポイント，合計収益率は 2%の増加と僅かながらパフォーマンスが改善した．RP については，シャープレシオは 0.09 ポイント，合計収益率は 28%の増加と大幅にパフォーマンスが改善された．図 2-2 より富の水準でも全期間安定して従来手法を上回っていることが確認できた．MD については，シャープレシオは 0.01 ポイントだが，合計収益率は 7%増加し改善するとともに，日々の富の水準でも全期間安定して従来手法を上回っている．MV，RP，MD ともに事後的な歪度・尖度についても歪度は高く，尖度は低い，より望ましい水準へと変化した．最大の下落幅を示す実務的なリスク指標の全期間の最大ドローダウンについては，MV 及び RP でそれぞれ 0.14%，0.27%と若干の改善がみられる．MV*及び RP*は他のリスクベース・ポートフォリオ

構築手法と比較してもシャープレシオは良好である．

表2-5の全期間の平均ウェイトをみると，高次モーメントを考慮したいずれのポートフォリオも最もリスクの小さい野村BPI指数のウェイトを減少させている．また，歪度改善のため債券から株式へとアロケーションが移っていることが確認できる．以上から高次モーメントを加味したリスクベースのポートフォリオは従来手法よりパフォーマンス，及び歪度・尖度といった分布特性の双方において優位性が確認された．

### 4.3 分　析　2

4.2の分析では高次モーメントを加味したポートフォリオにおいて各モーメント間の重みを表す$\lambda_1$～$\lambda_3$はそれぞれ1としていたが，それぞれのモーメントがパフォーマンスや分布特性にどのような影響を与えるかを確認するため，重みの組み合わせを変えてシミュレーションを行った．その他の条件は4.2の分析と同一である．最小分散ポートフォリオ(MV)，リスクパリティ・ポートフォリオ(RP)，最大分散度ポートフォリオ(MD)の各モーメントごとのサマリーが表2-6，2-7，2-8，全期間の平均ウェイトが表2-9，2-10，2-11である[5]．

表2-6，2-7，2-8からMV，RP，MDともに3次のモーメントを考慮すると，歪度が上昇する傾向がある．また4次のモーメントを考慮すると，尖度が低下する傾向があることを確認できる．したがって各次数のモーメントを加えることで，事後的な歪度・尖度といった分布特性が改善できる．

しかし一方で，MV，RP，MDともに3次のモーメントのみを考慮したポート

表2-6　各モーメントごとの最小分散ポートフォリオ(MV)のサマリー

| | MV(2,3,4) | MV(2) | MV(3) | MV(4) | MV(2,3) | MV(3,4) | MV(2,4) |
|---|---|---|---|---|---|---|---|
| 年率リターン | 3.31% | 3.23% | 1.66% | 3.68% | 3.28% | 3.79% | 3.32% |
| 年率標準偏差 | 1.79% | 1.77% | 17.52% | 1.88% | 1.78% | 1.96% | 1.78% |
| シャープレシオ | 1.85 | 1.83 | 0.09 | 1.96 | 1.85 | 1.94 | 1.87 |
| 歪度 | −0.26 | −0.28 | 0.28 | −0.32 | −0.25 | −0.27 | −0.27 |
| 尖度 | 7.97 | 7.99 | 12.68 | 6.92 | 7.87 | 6.36 | 7.64 |
| 年間回転率 | 116% | 73% | 351% | 83% | 103% | 111% | 87% |
| 合計収益率 | 66% | 64% | 2% | 76% | 66% | 79% | 67% |
| 最大ドローダウン | −4.05% | −4.32% | −63.56% | −4.54% | −4.22% | −3.78% | −4.23% |

5) 表タイトルのカッコ内が考慮したモーメントの次数である．

表 **2-7** 各モーメントごとのリスクパリティ・ポートフォリオ (RP) のサマリー

| | RP(2,3,4) | RP(2) | RP(3) | RP(4) | RP(2,3) | RP(3,4) | RP(2,4) |
|---|---|---|---|---|---|---|---|
| 年率リターン | 4.60% | 3.63% | 5.69% | 3.67% | 4.32% | 5.55% | 3.67% |
| 年率標準偏差 | 2.59% | 2.16% | 7.36% | 2.16% | 4.80% | 6.35% | 2.15% |
| シャープレシオ | 1.77 | 1.68 | 0.77 | 1.70 | 0.90 | 0.87 | 1.71 |
| 歪度 | 0.02 | −0.10 | 0.05 | −0.17 | 0.03 | 0.18 | −0.05 |
| 尖度 | 7.92 | 9.15 | 31.66 | 8.45 | 70.49 | 49.94 | 8.67 |
| 年間回転率 | 230% | 22% | 419% | 30% | 240% | 267% | 27% |
| 合計収益率 | 102% | 74% | 131% | 76% | 91% | 128% | 76% |
| 最大ドローダウン | −6.52% | −6.66% | −28.89% | −6.57% | −26.86% | −28.76% | −6.56% |

表 **2-8** 各モーメントごとの最大分散度ポートフォリオ (MD) のサマリー

| | MD(2,3,4) | MD(2) | MD(3) | MD(4) | MD(2,3) | MD(3,4) | MD(2,4) |
|---|---|---|---|---|---|---|---|
| 年率リターン | 3.41% | 3.12% | 5.75% | 3.42% | 3.29% | 5.41% | 3.12% |
| 年率標準偏差 | 2.24% | 2.08% | 9.87% | 2.02% | 2.24% | 10.27% | 2.07% |
| シャープレシオ | 1.52 | 1.51 | 0.58 | 1.69 | 1.47 | 0.53 | 1.51 |
| 歪度 | −0.10 | −0.11 | 0.29 | −0.24 | −0.15 | 0.27 | −0.11 |
| 尖度 | 8.26 | 8.63 | 13.67 | 8.16 | 7.77 | 14.18 | 8.58 |
| 年間回転率 | 163% | 44% | 448% | 94% | 159% | 476% | 45% |
| 合計収益率 | 68% | 61% | 125% | 69% | 65% | 112% | 61% |
| 最大ドローダウン | −6.78% | −6.23% | −28.52% | −5.06% | −6.81% | −35.94% | −6.24% |

フォリオのシャープレシオが低いという特徴がある．これは表 2-9，2-10，2-11 の全期間の平均ウェイトから，分散を考慮せず 3 次モーメントのみを考慮すると，歪度改善のために分散の大きい株式の組入比率を増加させるからである．さらに 3 次のモーメントを加えたポートフォリオの回転率が高く，これは 3 次のモーメントの標本モーメントによる推定精度が悪い，あるいはモーメント自体が安定していないことが要因と考えられる[6]．その他のポートフォリオのシャープレシオの水準については，MV と MD では 4 次のみを考慮したポートフォリオが，RP では全てのモーメントを考慮したポートフォリオがそれぞれ最適となっている．

### 4.4 ま と め

本稿では，テールリスクまで考慮したリスクベースのポートフォリオ構築手法について考察した．実際の価格データを用いた資産配分の実証分析を実施し，

6) 歪度については分散と異なり，Singleton and Wingender (1986) 等で時系列的に安定していないことが知られている．

表 2-9　各モーメントごとの最小分散ポートフォリオ (MV) の平均ウェイト

| | MV(2,3,4) | MV(2) | MV(3) | MV(4) | MV(2,3) | MV(3,4) | MV(2,4) |
|---|---|---|---|---|---|---|---|
| TOPIX | 2.40% | 2.41% | 5.88% | 1.99% | 2.45% | 2.81% | 2.31% |
| 野村BPI(総合) | 55.98% | 58.53% | 23.00% | 44.35% | 56.87% | 43.03% | 56.19% |
| S&P 500 | 1.77% | 1.72% | 8.62% | 2.01% | 1.72% | 1.80% | 1.77% |
| Barclays U.S Aggregate Bond | 14.55% | 12.58% | 11.28% | 21.89% | 14.04% | 23.23% | 13.98% |
| Euro STOXX 50 | 1.04% | 1.09% | 38.80% | 1.02% | 1.08% | 1.29% | 1.11% |
| Barclays Euro Aggregate Bond | 24.26% | 23.68% | 12.42% | 28.75% | 23.84% | 27.84% | 24.64% |

| | MV(2,3,4) | MV(2) | MV(3) | MV(4) | MV(2,3) | MV(3,4) | MV(2,4) |
|---|---|---|---|---|---|---|---|
| 株式比率 | 5.21% | 5.22% | 53.31% | 5.02% | 5.25% | 5.90% | 5.19% |
| 債券比率 | 94.79% | 94.78% | 46.69% | 94.98% | 94.75% | 94.10% | 94.81% |

表 2-10　各モーメントごとのリスクパリティ・ポートフォリオ (RP) の平均ウェイト

| | RP(2,3,4) | RP(2) | RP(3) | RP(4) | RP(2,3) | RP(3,4) | RP(2,4) |
|---|---|---|---|---|---|---|---|
| TOPIX | 3.89% | 4.11% | 7.03% | 4.24% | 4.74% | 5.87% | 4.14% |
| 野村BPI(総合) | 27.46% | 43.08% | 22.35% | 42.28% | 25.63% | 25.79% | 42.34% |
| S&P 500 | 5.79% | 4.39% | 12.56% | 4.54% | 7.06% | 8.33% | 4.49% |
| Barclays U.S Aggregate Bond | 31.00% | 21.03% | 30.26% | 21.76% | 32.95% | 28.86% | 21.56% |
| Euro STOXX 50 | 4.45% | 3.36% | 7.89% | 3.37% | 5.56% | 6.90% | 3.36% |
| Barclays Euro Aggregate Bond | 27.42% | 24.04% | 19.91% | 23.80% | 24.06% | 24.25% | 24.12% |

| | RP(2,3,4) | RP(2) | RP(3) | RP(4) | RP(2,3) | RP(3,4) | RP(2,4) |
|---|---|---|---|---|---|---|---|
| 株式比率 | 14.13% | 11.85% | 27.47% | 12.15% | 17.37% | 21.11% | 11.98% |
| 債券比率 | 85.87% | 88.15% | 72.53% | 87.85% | 82.63% | 78.89% | 88.02% |

表 2-11　各モーメントごとの最大分散度ポートフォリオ (MD) の平均ウェイト

| | MD(2,3,4) | MD(2) | MD(3) | MD(4) | MD(2,3) | MD(3,4) | MD(2,4) |
|---|---|---|---|---|---|---|---|
| TOPIX | 5.10% | 4.83% | 13.23% | 4.04% | 5.13% | 13.33% | 4.80% |
| 野村BPI(総合) | 46.83% | 55.20% | 26.13% | 46.77% | 47.00% | 27.18% | 55.23% |
| S&P 500 | 3.28% | 2.84% | 12.48% | 1.66% | 3.24% | 11.88% | 2.82% |
| Barclays U.S Aggregate Bond | 15.58% | 13.71% | 13.94% | 18.76% | 15.29% | 13.70% | 13.73% |
| Euro STOXX 50 | 3.76% | 3.18% | 14.70% | 2.73% | 3.79% | 15.29% | 3.17% |
| Barclays Euro Aggregate Bond | 25.44% | 20.24% | 19.52% | 26.04% | 25.56% | 18.63% | 20.25% |

| | MD(2,3,4) | MD(2) | MD(3) | MD(4) | MD(2,3) | MD(3,4) | MD(2,4) |
|---|---|---|---|---|---|---|---|
| 株式比率 | 12.14% | 10.85% | 40.41% | 8.43% | 12.15% | 40.49% | 10.79% |
| 債券比率 | 87.86% | 89.15% | 59.59% | 91.57% | 87.85% | 59.51% | 89.21% |

3 次と 4 次の高次モーメントを考慮することにより，以下の点が確認できた．

- 3 次と 4 次のモーメントを考慮すると事後的に歪度が高く尖度が抑制される望ましい分布特性を示した．
- 3 次と 4 次のモーメントを考慮するとシャープレシオ，収益率がともに向上した．
- 3 次のモーメントは事後的な歪度改善，4 次のモーメントは事後的な尖度改善にそれぞれ寄与した．

- 3 次を考慮すると歪度改善のため株式の組入比率が増加した.
- 歪度を考慮した場合に回転率が上昇, 歪度のみを考慮した場合には, 分散の大きい株式の比率が大幅に増加しシャープレシオが低下した.

今後の課題としては, 今回のシミュレーションにおいては分散や歪度, 尖度といったパラメータを過去データから単純に推定したが, 時系列モデル等を用いてより精度の良いパラメータ推定方法を取り入れること. また資産配分ではなく, よりリスクが高くテールリスク管理の重要性が増すと考えられる個別株式のポートフォリオにおいても同様に有効性が確認できるかどうかを検証することが挙げられる.

〔参考文献〕


Baitinger, E., Dragosch, A. and Topalova, A. (2015), "Extending the Risk Parity Approach to Higher Moments: Is There Any Value-Added?," *Available at SSRN.*

Baker, M., Bradley, B. and Wurgler, J. (2011), "Benchmarks as limits to arbitrage: Understanding the low-volatility anomaly," *Financial Analysts Journal*, Vol.**67**, No.1, 40-54.

Barberis, N. and Huang, M. (2007), "Stocks as lotteries: The implications of probability weighting for security prices," Technical report, National Bureau of Economic Research.

Choueifaty, Y. and Coignard, Y. (2008), "Toward Maximum Diversification," *Journal of Portfolio Management*, Vol.**35**, No.1, 40-51.

Clarke, R., De Silva, H. and Thorley, S. (2006), "Minimum-variance portfolios in the US equity market," *Journal of Portfolio Management*, Vol.**33**, No.1, 10.

Jondeau, E. and Rockinger, M. (2006), "Optimal portfolio allocation under higher moments," *European Financial Management* Vol.**12**, No.1, 29-55.

Kleniati, P. M., Rustem, B., et al. (2009), "Portfolio decisions with higher order moments," working paper, Computational Optimization Methods in Statistics, Econometrics and Finance.

Lai, K. K., Yu, L. and Wang, S. (2006), "Mean-variance-skewness-kurtosis-based portfolio optimization," in *Computer and Computational Sciences, 2006. IMSCCS'06. First International Multi-Symposiums on*, Vol.**2**, 292–

297, IEEE.

Lee, W. (2011), "Risk-Based Asset Allocation: A New Answer to an Old Question?," *Journal of Portfolio Management*, Vol.**37**, No.4, 11.

Maillard, S., Roncalli, T. and Teïletche, J. (2008), "On the properties of equally-weighted risk contributions portfolios," *Available at SSRN 1271972.*

Mandelbrot, B. B. (1997), *The variation of certain speculative prices*: Springer.

Markowitz, H. (1952), "Portfolio selection," *The journal of finance*, Vol.**7**, No.1, 77-91.

Qian, E. (2005), "Risk parity portfolios: Efficient portfolios through true diversification," *Panagora Asset Management.*

Shleifer, A. (2000), *Inefficient markets: An introduction to behavioral finance*: OUP Oxford.

Singleton, J. C. and Wingender, J. (1986), "Skewness persistence in common stock returns," *Journal of Financial and Quantitative Analysis*, Vol.**21**, No.03, 335-341.

池田昌幸 (2000),『金融経済学の基礎』, 朝倉書店.

石部真人 (2007),「最小分散ポートフォリオ」,『三菱 UFJ 信託銀行調査情報』, 第 318 号, 4-17.

大森孝造・矢野　学 (2013),「リスクに基づくポートフォリオとアクティブ運用 (特集 スマートベータ)」,『証券アナリストジャーナル』, 第 51 巻, 第 11 号, 17-26.

加藤康之 (2011),「伝統的投資理論におけるリスク構造の再考–リーマンショック後の投資理論研究の動向と今後の展望」,『証券アナリストジャーナル』, 第 49 巻, 第 8 号, 101-108.

山田　徹・上崎　勲 (2009),「低ボラティリティ株式運用」,『証券アナリストジャーナル』, 第 47 巻, 第 6 号, 97-110.

山本　零 (2015),「ポートフォリオ理論における歪度管理の実践—歪度管理の重要性とダウンサイド抑制型絶対値運用の提案」, Technical report, 武蔵大学経済学会.

山本　零・今野　浩 (2005),「平均・分散・歪度モデルの効率的解法に関する研究 (金融工学 (3))」,『日本オペレーションズ・リサーチ学会春季研究発表会アブストラクト集』, 第 2005 巻, 204-205.

（中川　慧：三井住友アセットマネジメント株式会社[7)]
（出向先：日興グローバルラップ株式会社）
/筑波大学ビジネス科学研究科）

7) 本稿の意見及び内容は，筆者の所属する組織を代表するものでなく，個人の見解に基づくものである．また，本稿に有り得べき誤りは全て筆者の責に帰する．

# 3　逐次推定・最適化に基づく生命保険負債の動的ヘッジ戦略

穴山裕司・山田雄二

**概要**　高齢化の進展や低金利の長期化は，生命保険会社の保証リスクを増大させる要因である．ところが，従来からのアセット・ライアビリティ・マネジメント (Asset Liability Management; 以下 ALM) は将来の死亡率や利子率の変動を考慮しない原価主義基準であるため，保険会社にとっては支払額の増加や保有資産価値の棄損に伴う損失を過小評価する可能性がある．そこで近年，資産と負債を市場整合的に評価し，その差額であるサープラス (資本余剰金) の時間的な変動をリスクとして評価する経済価値ベースの ALM に移行しつつあるが，このような経済価値ベースの ALM の下では，サープラスの低下は企業価値の低下を意味する．

本研究では，保険会社が販売する生命保険負債を空売り証券とみなし，その将来キャッシュフローの現在価値によって与えられる負債価値の時間的な変動に対する資産側の動的ヘッジ戦略を，経済価値ベース ALM の枠組みの下で新たに提案すること目的とする．具体的には，負債及び資産の将来キャッシュフローを予測 (あるいは確率モデルを用いたシナリオを生成) した上で，損失を抑制するための最適化問題を定式化し，各期で再推定したモデルパラメータに対して計算される最適投資配分比率を用いてリバランスを行うという，逐次推定と最適化を交互に繰り返す動的ヘッジ戦略を構築する．この際，各期の最適化問題としては，損失に対する条件付バリュー・アット・リスク (Conditional Value at Risk; 以下 CVaR) 最小化問題を解くことで，提案手法におけるサープラスの損失抑制効果を検証する．さらに，日本市場における 1995 年 12 月から 2014 年 12 月の期間の実績データに対して実証分析を実施し，取引コストに対するペナルティを考慮した上でも，累積サープラスによって与えられる損失が抑制されることを示す．

# 1 は じ め に

生命保険会社は，保険契約者から払い込まれた保険料を資産運用により利殖し，将来の支払い事由発生時に，予め定められた金額の保険金を保険金受取人へ支払う．このように，生命保険商品を販売することは，生命保険会社から見れば将来に返済義務が生じる債券を発行することと同義であり，将来の「保険金」は「負債」と等価であると解釈される．ところが，生命保険においては，負債価値や資産価値は将来の死亡率や利子率によって変動する．また，近年進展している高齢化や低金利の長期化など，負債価値の増加を通じて生命保険会社の保証リスクを増大させる要因も存在している．そのため，生命保険会社にとって，保険金支払額の現在価値を評価し，負債の支払原資となる資産を管理する必要性，すなわち ALM が重要な役割を果たす． 以上を背景として，本研究では資産及び負債の将来キャッシュフローを確率モデルとして表現し，そのネットキャッシュフローに関する目的関数を最小化することで，サープラスと呼ばれる資産価値と負債価値の差の変動リスクをコントロールするための最適ヘッジ戦略を構築することを目的とする [1)].

ここでは，定額保険の一種である普通養老保険に対するヘッジ問題を考える．本論文で対象となる保険は，保険契約者集団が定常状態に達したあと，既存加入者による保険契約者集団の推移のみを考えるクローズドモデルであるとの仮定をおく．投資対象となる資産には，国内生命保険会社の主要資産である固定利付国債 (以下，利付債) を想定する．このような問題設定においては，負債である保険商品がもたらすキャッシュフロー (支払額) は死亡率によって，資産である利付債がもたらすキャッシュフロー (受取額) は金利によって変動する．生命保険は超長期にわたるキャッシュフローを取り扱うため，初期時点の金利シ

1) 本研究で提案するネットキャッシュフローに関する目的関数手法は，負債と資産間におけるキャッシュフローが等しくなるように調整するもので，キャッシュフロー・マッチングとも呼ばれる．他にも，金利感応度のギャップに関する目的関数を最小化するデュレーション・マッチングと呼ばれる手法が存在するが，この手法ではイールドカーブのパラレルシフト (平行移動) にしか対応できないため，本研究ではキャッシュフロー・マッチングの手法を採用する．

ナリオだけを用いて構築したヘッジポジションを保有し続けると (すなわち静的ヘッジ), 想定した金利シナリオから現実の金利情勢が乖離した場合にサープラスの変動が大きくなり, 結果としてリスクの高い運用結果となることが懸念される. そこで本論文では, 保険満期までの期間を1年刻みで分割し, 各期で将来の金利シナリオの生成と最適ポートフォリオを更新する逐次推定・最適化アルゴリズムを適用することで, サープラスの変動リスクをコントロールする動的ヘッジモデルを新たに提案する. また, 各期で適用するポートフォリオ最適化は, 負債キャッシュフローに対する資産キャッシュフローの不足額を抑制することを目的に, CVaR 最小化問題を解く.

このような生命保険の ALM に関する CVaR 最小化問題については, Iyengar and Ma (2009) が, 負債キャッシュフローと資産キャッシュフローの差額に関する CVaR 最小化問題 (Rockafellar and Uryasev (2000)) を解くことで, 投資対象である利付債の最適投資比率を求める手法を提案している. そこでは, 負債キャッシュフローには固定シナリオ, 資産キャッシュフローには Hull-White モデル (Hull and White (1990)) を適用したリスク中立シナリオから生成される仮想的なキャッシュフローシナリオを用いて, 1期間モデルにより利付債に対する投資比率を求めている. それに対して, 本研究では死亡率に対しては Lee-Carter モデル (Lee and Carter (1992)), 金利期間構造に対しては動的 Nelson-Siegel モデル (Nelson and Siegel (1987) , Diebold and Li (2006)) をあてはめ, 確率モデルを適用することによって将来キャッシュフローシナリオを生成している点が異なる. さらに逐次推定・最適化の考え方を用いて, 多期間にわたる動的ヘッジへと問題設定を拡張している点も新規性があるといえる. また, 本研究では, このような多期間設定の下で, 日本市場における 1995 年 12 月から 2014 年 12 月の期間の実績データを対象に実証分析を実施し, 取引コストに対するペナルティを考慮した上でも, 累積サープラスによって与えられる損失が抑制されることを実証的に示す.

次節以降の構成は次の通りである. まず第 2 節ではヘッジ対象とする負債キャッシュフローの定義と関連研究について述べる. 第 3 節では逐次推定・最適化アルゴリズムを適用した動的ヘッジと ALM 最適化モデルの構築について述べる. 第 4 節では将来キャッシュフローのシナリオ構築に必要となる死亡率

と金利期間構造のモデル化について述べる．第 5 節では，1995 年 12 月から 2014 年 12 月までの期間を対象に，これらモデルを日本市場に適用した場合の分析結果を述べる．最後に第 6 節において全体のまとめを行う．

## 2　生命保険負債に対する ALM

本節では，本研究で取り扱う生命保険商品の負債キャッシュフローとそのヘッジ戦略について概要を説明し，関連研究である Iyengar and Ma (2009) と本研究との問題設定上の比較を行う．

### 2.1　ヘッジ対象となる保険商品とキャッシュフロー

本研究では，生命保険負債として養老保険の保険金支払いキャッシュフローに焦点を当てる．養老保険とは生死混合保険であり，保険契約期間内に死亡した場合と，満期まで生存していた場合に，それぞれ予め契約で定めた死亡保険金，若しくは生存保険金が支払われる．なお，通常の保険料計算では，保険契約者の死亡は年央に一括して発生すると仮定して計算するが，本研究では簡単のため将来の保険金支払いは年 1 回，年末に発生するものとする．このような養老保険において，加入時 $(t=1)$ に $x$ 歳の被保険者に対する $t$ 年先の支払いキャッシュフロー $L_{x,t}$ は，以下のように与えられる．

$$L_{x,t} = 1 \times I_{\{t-1 \le \tau_x < t\}}, \quad t = 1, \cdots, 19 \tag{1}$$

$$L_{x,20} = 1 \times I_{\{20 \le \tau_x\}} \tag{2}$$

ただし，$\tau_x$ は被保険者の死亡までの年数，$I_{\{\cdot\}}$ は括弧内のイベントが起こった際に 1，そうでない場合に 0 をとる指示関数である．指示関数の期待値は当該イベントの発生する確率を与えるので，例えば $E(I_{\{t-1 \le \tau_x < t\}})$ は，時点 $t-1$ まで生存していた被保険者が 1 年以内に死亡する確率を表わし，実務上は死亡率に対応する．

本研究では，$x$ 歳の被保険者が $t-1 \le \tau_x < t$ を満たす $\tau_x$ 年後に死亡する確率を $q_{x,t}$ と表記する．死亡時の支払いキャッシュフローは 1 であるので，$q_{x,t}$ は被保険者に対する時点 $t$ の支払いキャッシュフローの期待値 (期待キャッ

シュフロー) に等しい．なお，大数の法則より，保険契約者数が十分に大きければ，同時点，同年齢の被保険者に対する保険会社の支払いキャッシュフローは死亡率に比例すること，また，保険会社が保有する保険契約を負債と見なした際の負債キャッシュフローは，年齢ごとの死亡率を保険加入者の年齢分布で加重平均したものに比例することに注意する．さらに，満期時点における負債キャッシュフローは，満期時点までの生存確率を保険加入者の年齢分布で加重平均したものによって与えられる．

以上，本研究で対象とする負債キャッシュフローについて述べたが，通常，保険会社は単年度の負債キャッシュフローを個別に管理するのではなく，過年度の負債キャッシュフローを一括して管理するのが一般的である．そこで本研究では上記で導入した養老保険のみを販売する仮想的な保険会社モデルを想定し，将来の支払保険金である負債キャッシュフローに対する資産側のヘッジ戦略を検討していく．具体的にヘッジ対象とする保険商品は，期間 $n$ 年，保険金 1 円の養老保険 (無配当・解約なし) とし，保険期間内の各年末に 1 回，保険金の支払いが発生すると仮定する．この保険金の支払いを充足させるため，資産側では満期までの各年末に 1 回，キャッシュフローの受け取りが発生する固定利付債のポートフォリオを保有するものとする．なお，金利変動により債券の購入価格が変動するため，資産ポートフォリオから得られる将来キャッシュフローは，最終的に金利によって受取額が変動することになる．

## 2.2 関 連 研 究

Iyengar and Ma (2009) は，負債キャッシュフローと資産キャッシュフローの差額に関する CVaR 最小化問題 (Rockafellar and Uryasev(2000)) を解くことで，投資対象である利付債の最適投資比率を求める手法を提案している．そこでは，金利変動を Hull-White モデル (Hull and White (1990)) によってモデル化し，モンテカルロ・シミュレーションにより将来のイールドカーブのシナリオを生成している．

表 3-1 は Iyengar and Ma (2009) と本研究の提案手法を比較したものである．Iyengar and Ma (2009) では負債キャッシュフローには固定シナリオを，資産キャッシュフローにはリスク中立シナリオを適用し，これら仮想的なキャッ

表 3-1 関連研究との比較

| 項目 | Iyengar and Ma (2009) | 本研究 |
|---|---|---|
| 負債モデル | 固定シナリオ (1 シナリオ) | Lee-Carter モデル (1 シナリオ) |
| 資産モデル | Hull-White モデル (1000 シナリオ) | 動的 Nelson-Siegel モデル (1000 シナリオ) |
| ヘッジ戦略 | 静的ヘッジ | 動的ヘッジ |
| 目的関数 | 各将来時点のネット CF の最大不足額の CVaR 最小化 | 各将来時点のネット CF の最大不足額の CVaR 最小化 |
| 対象債券 | 11 個 (0.5 年債, 1〜5 年債 (1 年毎), 10〜30 年債 (5 年毎)) | 20 個 (1〜20 年債 (1 年毎)) |
| 取引コスト | なし | あり |
| 数値実験期間 | 1 時点 | 20 時点 |

シュフローシナリオを用いて 1 期間モデルにより利付債に対する投資比率を求めている. それに対して, 本研究では実際の死亡率及びイールドカーブデータに対して確率モデルを適用することで将来キャッシュフローシナリオを生成する点が異なる. さらに本研究では, 逐次推定・最適化アルゴリズムを適用し, リバランスごとにモデルパラメータを再推定した上で最適投資比率を更新することで, 多期間にわたる動的ヘッジ手法を構築している.

このように, 本研究の一つの目的は, Iyengar and Ma (2009) において静的ヘッジとして提案された枠組みを, 動的なケースへ拡張することである. また本研究では, 死亡率に対しても確率モデルをあてはめることで負債キャッシュフローを確率的に評価する点, 及び資産取引に対する取引コストを導入する点においても, モデルの枠組みの拡張が行われている.

## 3 動的ヘッジと各期の ALM 最適化問題

本研究で取り扱う養老保険は, 数十年にわたる超長期のキャッシュフローを取り扱うため, ヘッジ戦略においても, 保険期間中のモデルパラメータの変動を考慮する必要がある. そこで本研究では, 以下に導入する逐次推定・最適化アルゴリズムを適用し, 各期において保有資産をリバランスする動的 ALM 手法を構築する.

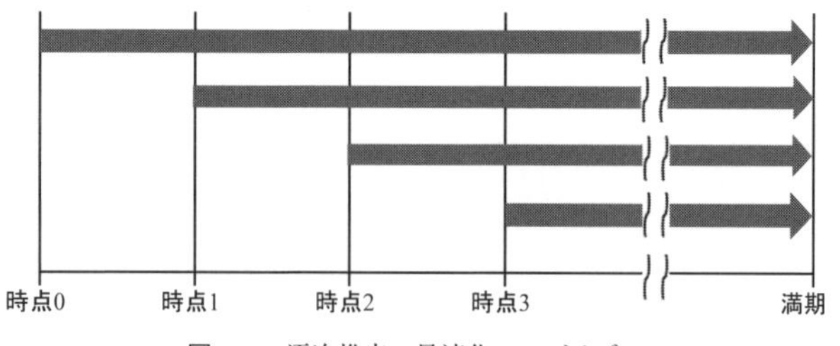


図 3-1　逐次推定・最適化アルゴリズム

### 3.1　逐次推定・最適化アルゴリズム

本研究では，モデル予測制御 (Model Predictive Control; MPC) と呼ばれる，無限期間のホライズンをもつ制御問題を有限期間の問題で近似した上で，各期で有限期間の問題を解いては制御入力を更新するプロセスを繰り返す制御手法を参考に，逐次推定・最適化アルゴリズムを構築する．MPC は，各期において制御対象のモデルを利用してシステムの状態値を予測し制御入力を求める手法で，近年，ファイナンス分野に対しても適用されるようになっている．また，通常の多期間最適化による最適ポートフォリオ問題との違いは，各期で最適化問題を解き直すことで最適ポートフォリオを更新する点である．そのため，新たにデータが観測されるごとにパラメータの再推定を行うことが可能であり，本問題のように，死亡率モデルや金利期間構造モデルの推定パラメータが，時点に依存して変化する場合に有効であることが期待される．ただし，本論文の生命保険負債に対するヘッジ問題は単一の保険商品を対象としているため，各期の最適化問題における予測ホライズンが時点変化とともに短縮すること，及び元の問題設定が有限期間であることが，通常の MPC の問題設定 (野波・水野他 (2015)) と異なる．そのため本論文では，提案手法を (MPC ではなく) 逐次推定・最適化アルゴリズムと呼ぶことにする．なお，ファイナンス問題に対して MPC を適用した例としては，Yamada and Primbs (2012) 等が存在する．

図 3-1 は，本論文で適用する逐次推定・最適化アルゴリズムにおける各期の最適化問題と予測期間の関係を表わしている．このように，本論文で取り扱う養老保険は満期が有限期間に設定されており，また満期までの期間が時間の経過とともに短縮されるため，リバランスの際，前の期で解いた最適化問題より 1 期間少ない問題を解くことに注意する．

以下，本論文で実行する逐次推定･最適化アルゴリズムの具体的な手順を示す．

(1) まず，時点0で将来のネットキャッシュフローを予測し，満期までの期間の予測ネットキャッシュフローに関する目的関数についての最適化問題を解くことで，全ての投資可能資産 (本論文においては満期の異なる国債) に対する投資比率を求める．
(2) 次に，時点1において，新たに観測された変数を考慮してパラメータを再推定した上で，1期間短い満期に対する最適化問題を解き，その時点で投資可能な資産 (時点0で満期が1年のものは除外) に対する投資比率を求めてリバランスを行う．
(3) 時点が更新されるごとに，これらの手続きを満期時点の1年手前まで繰り返すことで，各期の最適投資比率を求めてリバランスを行う．

### 3.2 資産・負債キャッシュフローに対する ALM 最適化問題

本論文では，各期で解く ALM 最適化問題について，資産及び負債のキャッシュフロー二乗誤差最小化と，負債キャッシュフローに対する資産キャッシュフローの不足額を CVaR で表現した CVaR 最小化の2通りを設定する．ただし，キャッシュフロー二乗誤差最小化については巻末付録に詳細を記載し，本節では Iyengar and Ma (2009) に基づく CVaR 最小化，及び余剰資金の先送りを考慮した CVaR 最小化問題について定式化を行う．なお，予測情報に必要な負債キャッシュフローの計算には，死亡率を表現するモデルとして Lee-Carter モデルを仮定し，Lee-Carter モデルにおける対数死亡率の時間的な変化を示す暦年要因パラメータに一般化加法モデルを適用して将来死亡率の予測を行う．資産キャッシュフローの計算には金利期間構造モデルとして動的 Nelson-Siegel モデルを仮定し，動的 Nelson-Siegel モデルの水準・傾き・曲率の時間的変化に多変量自己回帰 (VAR) モデル (あるいは個別変数に対する自己回帰 (AR) モデル) を適用した上で，モンテカルロ・シミュレーションにより将来の金利シナリオを生成する．Nelson-Siegel モデルの水準・傾き・曲率の時間的変化に時系列モデルを適用して金利期間構造の予測を行った論文には Diebold and Li (2006) がある．状態空間表現を用いた動的 Nelson-Siegel モデルについては，藤井・高岡 (2008)，Kobayashi (2016) が詳しい． なお，予測情報として更新するパラメータは，変動の大きい金利シナリオのみとし，死亡率については長期にわたり緩やかにトレンドが形成されることから，初期時点の予測シナリオを継続して用いることにする．以下，Iyengar and Ma(2009) に基づく CVaR 最小化，および余剰資金の先送りを考慮した CVaR 最小化問題を定式化する．

**a.　Iyengar and Ma (2009) に基づく CVaR 最小化**

金利期間構造モデルから生成されるシナリオ $q(=1,2,\cdots,1,000)$ における銘柄 $j(=1,2,\cdots,n)$ の資産キャッシュフローを $h_{m,q}^{(j)}, m=1,2,\cdots,n$ と表わす．ただし， $n$ は時点 0 における保険満期までの残存年数である．また，$t=0$ の時点において Lee-Carter モデルにより予測した負債キャッシュフローを $f_m^{LC}$，$f_m^{LC}$ を第 $n$ 要素にもつ負債キャッシュフローベクトルを $F_m^{LC}$，$x_t^{(j)}$ を $t$ 時点における銘柄 $j$ の投資比率，それら第 $j$ 要素にもつ縦ベクトルを $\mathbf{x}_t$ と表わす． さらに，$cpn_{t+1|t}^{(j)}$ を $t$ 時点で購入した銘柄 $j$ の $t+1$ 時点における受取利息，$pl_{t+1|t,q}^{(j)}$ を $t$ 時点で購入した銘柄 $j$ の $t+1$ 時点におけるシミュレーション価格から計算した償還損益とする．利付債の額面を 1 円とすると，$h_{m,q}^{(j)}$ は以下の行列で表わされる．

$$h_{m,q}^{(j)} = \begin{pmatrix} cpn_{t+1|t}^{(1)} + 1 + pl_{t+1|t,q}^{(1)} & cpn_{t+1|t}^{(2)} & \cdots & cpn_{t+1|t}^{(n)} \\ 0 & cpn_{t+2|t}^{(2)} + 1 + pl_{t+2|t,q}^{(2)} & \cdots & cpn_{t+2|t}^{(n)} \\ \vdots & \vdots & \ddots & \vdots \\ 0 & 0 & 0 & cpn_{t+n|t}^{(n)} + 1 + pl_{t+n|t,q}^{(n)} \end{pmatrix} \tag{3}$$

負債の将来キャッシュフローに対する資産の将来キャッシュフローの不足 (= 将来のネットキャッシュフローの不足) を下方リスクとして考えることから，本研究では損失関数を $f(x,y) = -(h_m^{(j)}\mathbf{x}_t - F_m^{LC})$ と定義し，確率変数 $h_m^{(j)}$ が連続的な確率密度関数 $p(y)$ に従うと仮定する． このとき，損失が $\alpha$ 以下となる確率は，

$$\Psi(x,\alpha) = \int_{f(x,y)\leq\alpha} p(y)dy \tag{4}$$

である．VaR はネットキャッシュフローの不足が $\alpha$ 以下である確率が $\beta$ 以上になるときの最小の $\alpha$ であるから，

$$VaR_\beta(x) = \min[\alpha|\Psi(x,\alpha) \geq \beta] = \alpha_\beta(x) \tag{5}$$

と定義できる．CVaR はネットキャッシュフローの不足が $\alpha_\beta(x)$ を上回る場合の不足額の期待値であるので，

$$CVaR_\beta(x) = \frac{\int_{f(x,y)\geq\alpha_\beta(x)} f(x,y)p(y)dy}{\int_{f(x,y)\geq\alpha_\beta(x)} p(y)dy} \tag{6}$$

と定義でき，$\Psi(x,\alpha)$ の $\alpha$ に関する連続性の仮定から，$\int_{f(x,y)\geq\alpha_\beta(x)} p(y)dy = 1-\beta$ となるため，

$$CVaR_\beta(x) = \frac{\int_{f(x,y)\geq\alpha_\beta(x)} f(x,y)p(y)dy}{1-\beta} = \phi_\beta(x) \tag{7}$$

となる．上記の CVaR は積分区間が VaR に依存していることから，直接最適化することは困難である．そこでパラメータ $\alpha$ を用いて以下の補助関数を定義する．

$$F_\beta(x,\alpha) = \alpha + (1-\beta)^{-1}\int_{y\in\Re}[f(x,y)-\alpha]^+ p(y)dy \tag{8}$$

ただし，$[\alpha]^+ = \max(\alpha, 0)$ である．

次に確率密度関数 $p(y)$ に従う $k$ 個のサンプルパスをモンテカルロ・シミュレーションにより発生させ，補助関数 $F_\beta(x,\alpha)$ を近似すると，

$$\hat{F}_\beta(x,\alpha) = \alpha + \frac{1}{k(1-\beta)}\sum_{q=1}^{k}[f(x,y_q)-\alpha]^+ \tag{9}$$

と定義できる．

補助変数 $u_q(q=1,2,\cdots,k)$ を導入し線形の制約条件を付すことで，リスク指標に CVaR を用いる最適化問題は，以下の線形計画問題として定式化できる．

$$\begin{aligned}
&\text{Minimize} \quad \alpha + \frac{1}{k(1-\beta)}\sum_{q=1}^{k} u_q, \quad q=1,2,\cdots,k, \quad k=1000\\
&\text{Subject to} \quad u_q + h_{m,q}^{(j)}\mathbf{x}_t - F_m^{LC} + \alpha \geq 0, \quad m=1,2,\cdots,n\\
&\qquad\qquad\quad \mathbf{x}_t \geq 0, \quad t=0,1,\cdots,n-1\\
&\qquad\qquad\quad u_q \geq 0
\end{aligned}$$

初期時点における投資金額は，時点 0 における将来の予測負債キャッシュフローの現在価値総額とする．

$$ones(1,n)\mathbf{x}_0 = (1+\rho)^{-1} {F_{t+1}^{LC}}^T (DF1_0, DF2_0, \cdots, DFn_0)^T$$

$ones(1,n)$ は1が横方向に $n$ 個並んだ横ベクトル，$T$ は転置を表わす．

時点1以降については，$t$ 時点で構築した債券ポートフォリオの $t+1$ 時点における時価金額から，$t+1$ 時点で支払った実績負債キャッシュフロー $f_{t+1}$ を差し引いた投資可能金額の全額を再投資するものとする．

$ones(1,n)\mathbf{x}_{t+1} = (1+\rho)^{-1}[(1+\rho)^{-1}(CIF_t^{n\times n}(1, DF1_{t+1}, \cdots, DFn-1_{t+1})^T)^T\mathbf{x}_t - f_{t+1} + (CIF_t^{n\times 1})^T\mathbf{x}_t\rho]$

ここで，$CIF_t^{n\times n}$ は $t$ 時点において1円で発行された利付債のキャッシュフローを表現した以下の行列であり，

$$CIF_t^{n\times n} = \begin{pmatrix} cpn_{t+1|t}^{(1)}+1 & 0 & \ldots & 0 \\ cpn_{t+1|t}^{(2)} & cpn_{t+2|t}^{(2)}+1 & \ldots & 0 \\ \vdots & \vdots & \ddots & \vdots \\ cpn_{t+1|t}^{(n)} & cpn_{t+2|t}^{(n)} & \ldots & cpn_{t+n|t}^{(n)}+1 \end{pmatrix} \tag{10}$$

$DFn_t$ は $t$ 時点で観測される期間 $n$ 年の割引係数 (市場ゼロイールド)，$\rho$ は取引コストである．

**b.　余剰資金の先送りを考慮した手法**

a. で定義したモデルでは，各期のネットキャッシュフローに対する CVaR を最小化する上で，前期の資産と負債のキャッシュフローの差額から生じる余剰資金は必ずしも考慮されていない．すなわち，発生した余剰資金を次期以降に先送りすることなく，各期で負債キャッシュフロー以上の資産キャッシュフローを CVaR 最小化の意味で確保できるよう債券ポートフォリオの最適化を行う設定であり，リスクを過大評価する可能性がある．表 3-2 は，3期分のキャッシュフローを例として，債券ポートフォリオから得られる資産キャッシュフローが負債キャッシュフローを上回るケースを示したものである．一方で，表 3-3 は各期の負債キャッシュフローを超過する分を余剰資金として認識することで，各期の負債キャッシュフローと等価の資産キャッシュフローを債券ポートフォリオから確保できるよう最適化を行ったケースを示している．本項では表 3-3 に示すキャッシュフローのように，余剰資金に対する先送りを考慮することで各期における損失を評価した上で，CVaR を最小化する最適ポートフォリオを

表 3-2　余剰資金なしの例

| | 資産CF | | 負債CF |
|---|---|---|---|
| 1 期目 | 0.96 | > | 0.95 |
| 2 期目 | 0.98 | > | 0.96 |
| 3 期目 | 1.00 | > | 0.97 |

表 3-3　余剰資金ありの例

| | 資産CF | 余剰資金 | | | 資産CF | | 負債CF |
|---|---|---|---|---|---|---|---|
| | | 1期目 | 2期目 | 3期目 | | | |
| 1 期目 | 0.96 | -0.01 | | | 0.95 | = | 0.95 |
| 2 期目 | 0.98 | -0.01 | -0.01 | | 0.96 | = | 0.96 |
| 3 期目 | 1.00 | | -0.01 | -0.02 | 0.97 | = | 0.97 |

求めることを考える．

具体的には，以下のように等式制約を修正することで，各期の余剰資金を次期に先送りすることを許す CVaR 最小化問題を定義する．

$$
\begin{aligned}
\text{Minimize} \quad & \alpha + \frac{1}{k(1-\beta)} \sum_{q=1}^{k} u_q, \quad q = 1, 2, \cdots, k, \quad k = 1000 \\
\text{Subject to} \quad & h_{m,q}^{(j)} \mathbf{x}_t - Z_{m-1,q} - Z_{m,q} = F_m^{LC}, \quad m = 1, 2, \cdots, n \\
& \alpha + Z_{m,q} + u_q \geq 0 \\
& \mathbf{x}_t \geq 0, \quad t = 0, 1, \cdots, n-1 \\
& u_q \geq 0
\end{aligned}
$$

ただし，$Z_{m,q}$ はシナリオ $q$ における時点 $m$ のキャッシュフローから生じる余剰資金，$Z_{m-1,q}$ は前期から先送りされた余剰資金を表わす．また，時点 0 では余剰資金は生じないため $Z_{0,q} = 0$ を満たす．

初期時点における投資金額は，時点 0 における将来の予測負債キャッシュフローの現在価値総額以下とし，

$$
ones(1, n)\mathbf{x}_0 \leq (1+\rho)^{-1} {F_{t+1}^{LC}}^T (DF1_0, DF2_0, \cdots, DFn_0)^T
$$

時点 1 以降の投資資金についても，前期の余剰資金 $Z_{m-1}$ を用いて以下の線形不等式制約を与える．

$ones(1, n)\mathbf{x}_{t+1} \leq (1+\rho)^{-1}[(1+\rho)^{-1}(CIF_t^{n \times n}(1, DF1_{t+1}, \cdots, DFn -$

$1_{t+1})^T)^T \mathbf{x}_t - f_{t+1} + (CIF_t^{n\times 1})^T \mathbf{x}_t \rho] + Z_{m-1}$

前期の余剰資金 $Z_{m-1}$ は当期に先送りされるため，余剰資金の分だけ当期の投資資金が増え，先送りを考慮しないケースと比較すると，負債キャッシュフローに対する資産キャッシュフローの下振れリスク，すなわち CVaR が減少することが予想される．本論文では 5.3 項において，余剰資金の先送りの効果について検証し，実際に CVaR の値が低下することを検証する．

## 4　死亡率と金利期間構造のモデル化

日本市場における提案手法の適用例を示す前に，本研究で利用する負債・資産キャッシュフローのシナリオを予測，生成する死亡率と金利期間構造のモデルについて述べる．

### 4.1　死亡率モデル

負債キャッシュフローは保険金額と年齢ごとの死亡率によって特徴づけられるが，保険金額は予め定数として与えられるため，将来の負債キャッシュフローを予測するには，死亡率を予測すればよい．死亡率の予測モデルには，パラメトリックモデルとノンパラメトリックモデルが存在するが，単一の死亡法則に従うパラメトリックモデルは，小暮・長谷川 (2005) が指摘するように，一部年齢において適合度の犠牲を余儀なくされることから，コーホート全体にわたる死亡率を表現することは困難である．そこで本研究ではノンパラメトリックなモデルとして，死亡率予測に広く利用されている Lee-Carter モデル (Lee and Carter (1992)) を使用する．Lee-Carter モデルは $x$ 歳の人の $t$ 時点における対数死亡率を次式で表現するモデルである．

$$\ln(q_{x,t}) = \alpha_x + \beta_x \kappa_t + \varepsilon_{x,t} \tag{11}$$

ただし，$\varepsilon_{x,t}$ は残差項である．各パラメータの定性的な解釈は，$\alpha_x$(年齢要因)：年齢 $x$ の平均的な対数死亡率，$\kappa_t$(暦年要因)：対数死亡率の暦年 $t$ による変化，$\beta_x$ (年齢効果)：暦年要因に対する年齢ごとの効果，であり，$x$ 歳の人の将来の対数死亡率を予測するには，時間依存するパラメータである $\kappa_t$(暦年要因) を予測すればよい．Lee-Carter モデルを使用した将来死亡率の予測については，例えば小暮 (2007) を参照されたい．小暮 (2007) では，暦年要因の推定値 $\hat{\kappa}_t$ に適合する時系列モデルは ARIMA モデルを使用するのが標準的な手続き [2] としているが，本研究では一般化加法モデル (Generalized Additive Model; 以下 GAM ) を適用することを考える．

一般化加法モデルでは，暦年要因 $\hat{\kappa}_t$ を被説明変数として残差項である $\varepsilon_t$ を最小にする平滑化スプライン関数 $f(\ )$ を考える．

$$\hat{\kappa}_t = \text{系列変動} + \text{残差変動} = f(x_t) + \varepsilon_t, \quad \text{mean}(\varepsilon_t) = 0, \quad \text{Var}(\varepsilon_t) = \sigma^2 \tag{12}$$

平滑化スプライン関数は通常の最小二乗法ではなく，残差平方和に平滑化パラメータの項を加えたペナルティ付き残差平方和 (PRSS : Penalized Residual Sum of Squares) が最小となる $\hat{f}(x)$ として与えられる．

$$PRSS = \sum_{t=1}^{N} (\hat{\kappa}_t - f(x_t))^2 + \lambda \int (f''(x))^2 dx \tag{13}$$

ただし，$x_1 < x_2 < \cdots < x_N$ である．

上記のペナルティ付き残差平方和は，当然ながら右辺第 1 項の値が小さいほどモデルの当てはまりがよい．第 2 項の $f''(x)$ は凹凸ペナルティと呼ばれており，$f(x_t)$ の曲率を表現している．$\lambda(\geq 0)$ は平滑化パラメータであり，値が大きいほど曲線が滑らかとなる．

アウトオブサンプル期間における暦年要因 $\dot{\kappa}_t$ を求めるには，(13) 式を最小にすることにより回帰係数を求めたあと，$x$ に求めたい外挿期間の値を代入すればよい．平滑化スプライン回帰を予測モデルとして用いる場合，平滑化パラメータは予測誤差が小さくなるように求めればよく，その予測誤差を推定する統計量としては，一般化クロスバリデーション (Generalized Cross-Validation : GCV) が代表的である．

### 4.2 金利期間構造モデル

養老保険の負債キャッシュフローをヘッジするための資産側の投資対象とし

---

2) インサンプル期間が短い場合は，ランダムウォークモデルを使用する場合もある．

ては，利付国債を想定する．このような利付国債の将来キャッシュフローは額面に対する投資比率と金利によって特徴づけられるが，本研究では金利変動を表現する期間構造モデルとして Nelson-Siegel モデル (Nelson and Siegel (1987)) を使用する．

Nelson-Siegel モデルは，瞬間フォワードレートを以下の通り指数関数の線形和で表現するモデルであり，満期までの期間が $m$ 年の瞬間フォワードレート $f(m)$ を

$$f(m) = \beta_1 + \beta_2 e^{-m\lambda} + \beta_3 m\lambda e^{-m\lambda} \tag{14}$$

と表わす．

$\beta_1, \beta_2, \beta_3$ はそれぞれイールドカーブの水準 ($\beta_1$)，傾き ($\beta_2$)，曲率 ($\beta_3$) を表わすパラメータであり，$\lambda$ は形状パラメータと呼ばれる．$y(m)$ を残存 $m$ 年の割引債のゼロイールドとすると，$y(m)$ と $f(m)$ の間には以下の関係が成り立つことから，

$$y(m) = \frac{1}{m}\int_0^m f(u)du$$

ゼロイールドカーブは，

$$y(m) = \beta_1 + \beta_2 \left( \frac{1 - e^{-m\lambda}}{m\lambda} \right) + \beta_3 \left( \frac{1 - e^{-m\lambda}}{m\lambda} - e^{-m\lambda} \right) \tag{15}$$

と表現できる．

本稿では $\beta_1, \beta_2, \beta_3$ を時変パラメータとして，VAR モデル，AR モデルの時系列モデルで表現し，モンテカルロ・シミュレーションにより時系列モデルの各パラメータの将来シナリオを生成したあと，以下の動的 Nelson-Siegel モデルにより各時点におけるゼロイールドカーブを表現する． Nelson-Siegel モデルのパラメータの推定及び動的 Nelson-Siegel モデルの詳細は付録 C を参照されたい．

$$y_t(m) = \beta_{1,t} + \beta_{2,t} \left( \frac{1 - e^{-m\lambda_t}}{m\lambda_t} \right) + \beta_{3,t} \left( \frac{1 - e^{-m\lambda_t}}{m\lambda_t} - e^{-m\lambda_t} \right) \tag{16}$$

## 5　日本市場における適用例

本節では，日本市場における実績死亡率と実績イールドカーブのデータを用いて，死亡率の予測と金利シナリオの生成を行い，第3節で述べた逐次推定・最適化アルゴリズム及びALM最適化モデルを適用した場合の分析結果について述べる．

### 5.1　死亡率モデル

まず，Lee-Carterモデルのパラメータ推定期間を1965年〜1994年までの30年間とし，暦年要因パラメータの推定に一般化加法モデルと，比較のためにARIMAモデルも適用し，1995年〜2014年までの20年間の死亡率の予測を行う．ただし，実績死亡率は，国立社会保障・人口問題研究所が厚生労働省の「人口動態統計」に基づき研究者向けに作成した生命表[3)]に基づく．

図3-2から図3-4はパラメータの推定期間におけるLee-Carterモデルの各パラメータの分析結果である．グラフの形状から年齢要因 $\alpha_x$ (図3-2) については，加齢となるほど対数死亡率が上昇し，特に30歳代からは線形的に死亡率が増加していることがみとれる。対数死亡率の暦年要因 $\kappa_t$(図3-3) については，

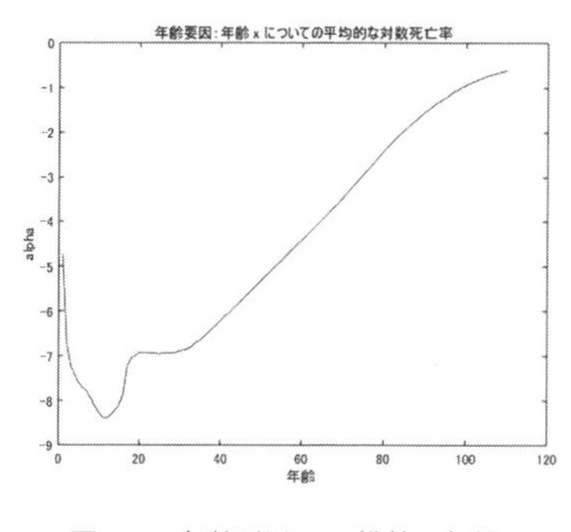


図 **3-2**　年齢要因 $\alpha_x$(横軸：年齢)

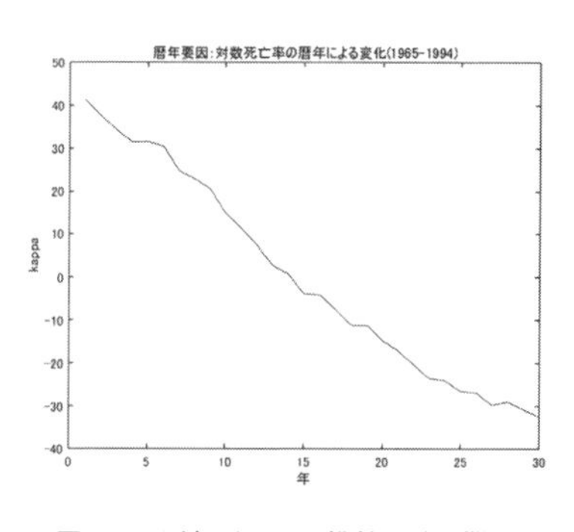


図 **3-3**　暦年要因 $\kappa_t$(横軸：学習期間)

3)　国立社会保障・人口問題研究所ウェブサイト `http://www.ipss.go.jp/p-toukei/JMD/00/STATS/mltper_1x1.txt`

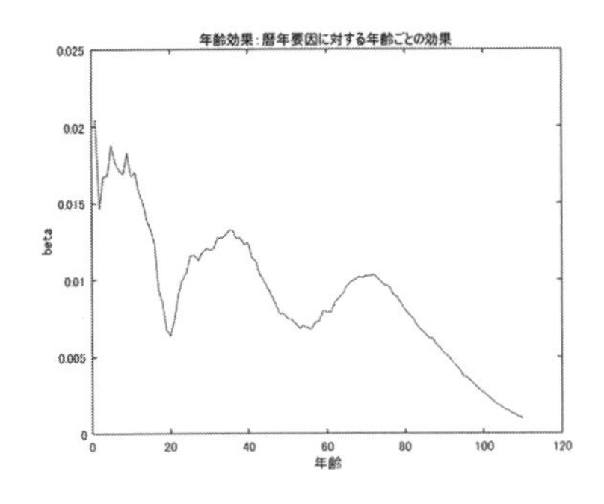


図 3-4　年齢効果 $\beta_x$(横軸：年齢)

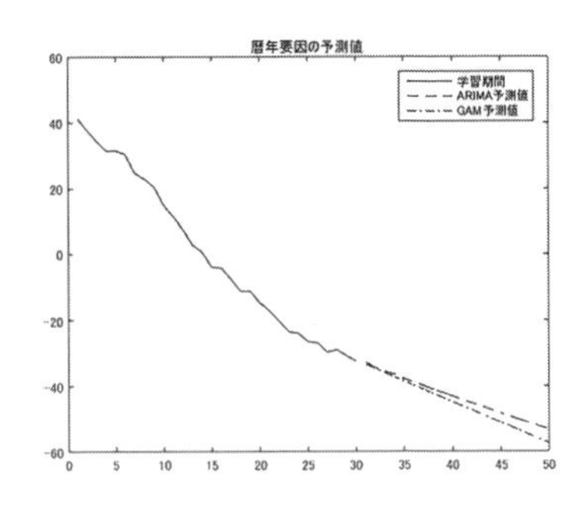


図 3-5　暦年要因の予測値 $\tilde{\kappa}_t$

表 3-4　死亡率の予測誤差

| | 0歳～109歳 | | 30歳～49歳 | |
|---|---|---|---|---|
| | ARIMA | GAM | ARIMA | GAM |
| 1995年 | 0.0053949 | 0.0056093 | 0.0001450 | 0.0001390 |
| 1996年 | 0.0047066 | 0.0045822 | 0.0001122 | 0.0001093 |
| 1997年 | 0.0045315 | 0.0043419 | 0.0001409 | 0.0001352 |
| 1998年 | 0.0059074 | 0.0055493 | 0.0001084 | 0.0001098 |
| 1999年 | 0.0029554 | 0.0028094 | 0.0001190 | 0.0001245 |
| 2000年 | 0.0088242 | 0.0083954 | 0.0001351 | 0.0001351 |
| 2001年 | 0.0093629 | 0.0088371 | 0.0001544 | 0.0001524 |
| 2002年 | 0.0115423 | 0.0109798 | 0.0001618 | 0.0001585 |
| 2003年 | 0.0095382 | 0.0088610 | 0.0001671 | 0.0001722 |
| 2004年 | 0.0116515 | 0.0108956 | 0.0001803 | 0.0001807 |
| 2005年 | 0.0067467 | 0.0059559 | 0.0001587 | 0.0001617 |
| 2006年 | 0.0097538 | 0.0088172 | 0.0001468 | 0.0001422 |
| 2007年 | 0.0107840 | 0.0097513 | 0.0001797 | 0.0001718 |
| 2008年 | 0.0083006 | 0.0072052 | 0.0001966 | 0.0001803 |
| 2009年 | 0.0106962 | 0.0094644 | 0.0002048 | 0.0001891 |
| 2010年 | 0.0073240 | 0.0061570 | 0.0002191 | 0.0001959 |
| 2011年 | 0.0068091 | 0.0056164 | 0.0002311 | 0.0002135 |
| 2012年 | 0.0069917 | 0.0059269 | 0.0002734 | 0.0002346 |
| 2013年 | 0.0084976 | 0.0069843 | 0.0002978 | 0.0002546 |
| 2014年 | 0.0081124 | 0.0065207 | 0.0002864 | 0.0002424 |
| 平均 | 0.0079216 | 0.0071630 | 0.0001809 | 0.0001701 |

インサンプル期間における年数が経過するほど死亡率のトレンドが低下していることが分かる．年齢効果 $\beta_x$(図 3-4) については，暦年要因 $\kappa_t$ の影響が 10 歳までと，30 歳代，70 歳代で大きくなっていることが伺える．

暦年要因のパラメータ予測値については，ARIMA モデル[4)] 及び一般化加法モデルにより求めた．図 3-5 は ARIMA モデル (破線，上線) 及び一般化加法モデル (一点鎖線，下線) により予測した暦年要因パラメータである．これによると一般化加法モデルによる予測は，ARIMA モデルによる予測よりも，対数死亡率の低下トレンドが急であることが分かる．

表 3-4 は，図 3-5 で示した暦年要因のパラメータ予測値を用いて死亡率の予

4) ARIMA モデルの次数については，ADF 検定により 1 次和分過程であることを確認したあと，AIC(赤池情報量基準) により (3,1,0) を選択した．

測を行った際の予測死亡率と実績死亡率との二乗平均誤差平方根 (Root Mean Square Error; RMSE) [5] を比較したものである．表の 2 列目と 3 列目は全年齢 (0～109 歳) を対象にした RMSE，表の 4 列目と 5 列目には本研究の対象年齢である 30～49 歳の人の RMSE を ARIMA モデル，一般化加法モデル (GAM) に分けて表示している．これによると，全年齢においても本研究の対象年齢においても，一般化加法モデルの方が予測誤差 (RMSE) は概ね小さくなっていることが分かる．よって，本研究では死亡率の予測に用いる暦年要因のパラメータ予測には一般化加法モデルを適用する．

### 5.2 金利期間構造モデル

分析に用いたデータは財務省の Web サイト [6] で公表されている，満期までの残存期間が 1 年～20 年の国債パーイールド (月末値) を，ブートストラップ法により変換したゼロイールドである．パーイールドは，価格が額面 (パー) に等しい利付債の複利最終利回り，ゼロイールドは割引債の複利最終利回りを指す．ブートストラップ法は固定利付債のパーイールドを用いて，残存期間の短いゼロイールドから残存期間の長いゼロイールドを順次計算していく手法であり，例えば高橋 (2006) にその計算方法が記載されている．本研究では，国債の利払い間隔は簡単のため年 1 回利払い (年末) とし，対象年限のパーイールドが不足する年限については、3 次スプライン法により補間した．1990 年 1 月～1994 年 12 月の 60 ヶ月を初期時点のパラメータ推定期間 (インサンプル期間) とし，12 月後 (1995 年 12 月) のパラメータのシナリオ (アウトオブサンプル) をモンテカルロ・シミュレーションにより生成する．以降，1 年ごとにスライドしながら繰り返し予測を行う．最終のパラメータ推定期間 (インサンプル期間) は 2009 年 1 月～2013 年 12 月であり，2014 年 12 月時点のパラメータのシナリオ (アウトオブサンプル) を生成する．本研究でヘッジ対象となる保険負債については満期を設定していることから，リバランスのたびに予測する将来キャッシュフローの期間は短くなっていく．そこで金利シナリオの生成につい

---

5) $RMSE = \sqrt{\frac{1}{\omega}\sum_{x=0}^{\omega}(q_{x,t} - \tilde{q}_{x,t})^2}$, $q_{x,t}$:t年におけるx歳の人の実績死亡率, $\tilde{q}_{x,t}$:t年におけるx歳の人の予測死亡率

6) 財務省ウェブサイト http://www.mof.go.jp/jgbs/reference/interest_rate/

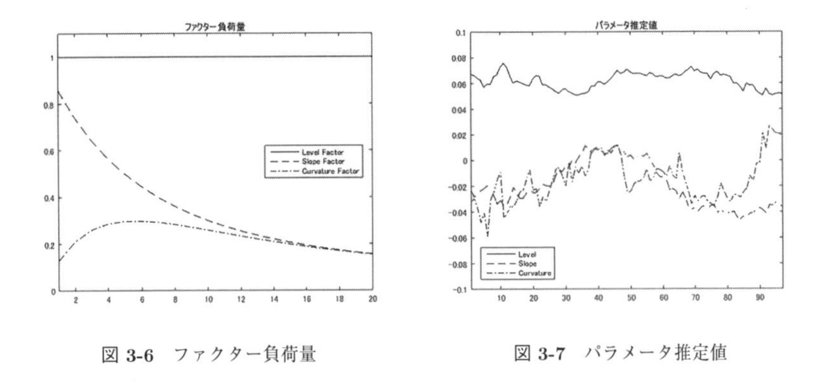


図 **3-6**　ファクター負荷量　　　　図 **3-7**　パラメータ推定値

ても，負債キャッシュフローの年限に合わせ，1 年ごとに予測する年限が短くなる設定とする．

図 3-6 は Nelson-Siegel モデルのファクター負荷量である．なお，ファクター負荷量を計算する際の形状パラメータ $\lambda$ の値には 0.32 を使用した．これは，20 年国債が発行された 1986 年 12 月から 1 期目のインサンプル期間の終わりである 1994 年 12 月までの 97 か月間を対象に，実際のゼロイールドカーブと Nelson-Siegel モデルによる理論ゼロイールドカーブとの残差二乗和 (SOSE：Sum of Square Error) の合計値 ($\sum_t U_t(\lambda)$) を最小とする値である [7]．図 3-6 によると，$\hat{\beta}_{1,t}(\hat{\lambda})$ パラメータのファクター負荷量は常に 1 であるためグラフは直線となり，$\hat{\beta}_{2,t}(\hat{\lambda})$ パラメータは年限が増加するにつれて値が 0 に向け逓減，$\hat{\beta}_{3,t}(\hat{\lambda})$ パラメータは上に凸型の曲線となっている．多くの先行研究から，イールドカーブの期間構造は水準，傾き，曲率の 3 つのパラメータにより説明可能とされているが，図 3-6 の各パラメータのファクター負荷量からも，$\hat{\beta}_{1,t}(\hat{\lambda})$ パラメータが「水準」，$\hat{\beta}_{2,t}(\hat{\lambda})$ パラメータが「傾き」，$\hat{\beta}_{3,t}(\hat{\lambda})$ パラメータが「曲率」を表現するのに整合的な形状をしていると解釈できる．図 3-7 では，例として 20 年国債の発行が開始された 1986 年 12 月から 1 期目のインサンプル期間の終わりである 1994 年 12 月までの 97 か月間におけるパラメータ推定値を示している．

将来のゼロイールドカーブのシナリオを生成するには，まずパラメータ

---

7)　$\lambda$ の値を 0.01 刻みで動かし，残差二乗和が最小となる値を求めた．

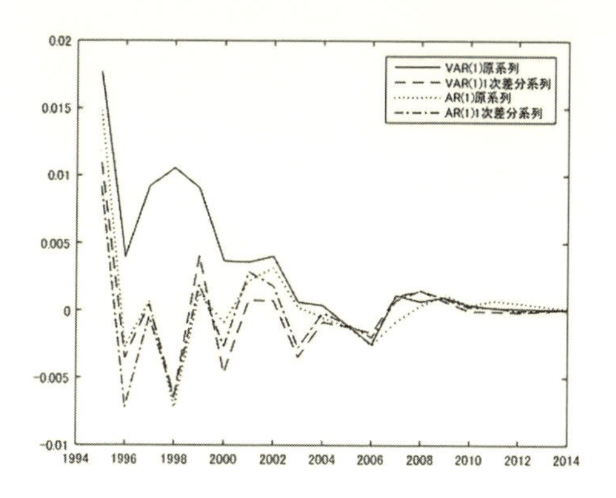


図 **3-8**　イールドカーブの予測誤差

推定期間 (インサンプル期間)60 ヶ月におけるパラメータ推定値 (原系列及び 1 次差分系列[8]) に対し AR(1),VAR(1) の時系列モデルを適用し，モンテカルロ・シミュレーションにより 12 か月後のパラメータのシナリオを生成する (サンプルパス：1000 シナリオ)．生成した各パラメータのシナリオ ($\dot{\beta}^q_{i,t}, i = 1,2,3,\ q = 1,2,\cdots,k,\ k = 1000$ ) と形状パラメータ $\lambda$，ファクター負荷量を用いて，以下の式によりアウトオブサンプル期間におけるゼロイールドカーブの予測シナリオを求める．形状パラメータ $\lambda$ には前述の値 (0.32) を使用する．ファクター負荷量はその $\lambda$ 値 (0.32) を代入して求めた値である． $m$ はイールドの満期までの期間を表わす．

$$\dot{y}^q_t(m) = \dot{\beta}^q_{1,t} + \dot{\beta}^q_{2,t}\left(\frac{1-e^{-m\lambda_t}}{m\lambda_t}\right) + \dot{\beta}^q_{3,t}\left(\frac{1-e^{-m\lambda_t}}{m\lambda_t} - e^{-m\lambda_t}\right) \tag{17}$$

図 3-8 は (17) 式より求めたシナリオの平均値を用いて，実際の市場ゼロイールドカーブとの予測誤差を示したものである．予測誤差については，以下の式から求めた．

$$\text{予測誤差} = \frac{1}{N}\sum_{n=1}^{N} yield^{sim}_{t,n} - \frac{1}{N}\sum_{n=1}^{N} yield^{act}_{t,n} \tag{18}$$

ただし，$yield^{sim}_{t,n}$ ：$t$ 年における残存 $n$ 年のシナリオ予測平均値，$yield^{act}_{t,n}$ ：$t$ 年における残存 $n$ 年の市場ゼロイールド， $N$ ：負債の残存年限 (年単位グ

8)　原系列を $r_t$ とすると，一次差分系列は $r_t - r_{t-1}$ で表現される．

リッド数) である．

図 3-8 からは，どの時系列モデルにおいても，予測期間当初は実際のイールドカーブからの乖離が大きいものの，保険期間の終わりに近づいてくると，生成するイールドカーブの年限が短くなるため，どの時系列モデルにおいても予測誤差が小さくなっていることが分かる．

### 5.3 サープラスの推定

最後に，逐次推定・最適化アルゴリズムによる各期の最適化により，1 年後ごとに更新された最適投資比率を用いてサープラスを計算する．ただし，$t+1$ 時点のサープラスは，$t$ 時点で構築した債券ポートフォリオの $t+1$ 時点における市場時価総額と，$t+1$ 時点から保険期間満期にかけての (Lee-Carter モデルを用いて予測した) 負債キャッシュフローの現在価値の差額である．なお，割引係数は，$t+1$ 時点の市場ゼロイールドから計算した．

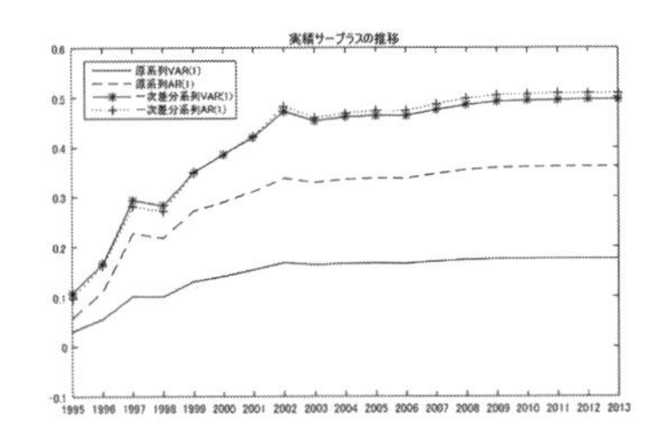


図 3-9 実績サープラス推移 (資金先送りなし)

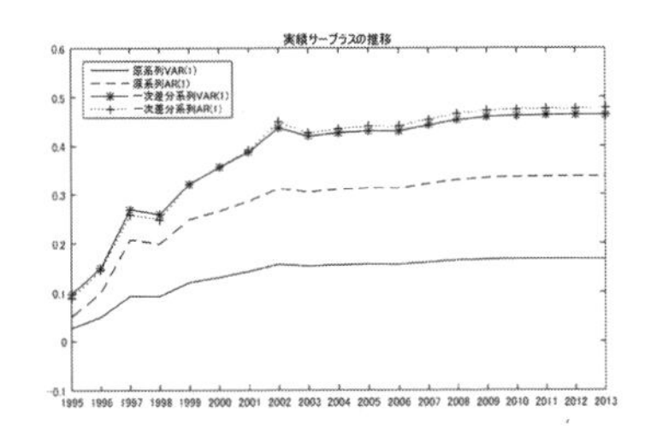


図 3-10 実績サープラス推移 (資金先送りあり)

図 3-9，図 3-10 は時系列モデルごとの実績サープラスの推移を図示したもの，表 3-5 は実績サープラスの累積値とその分散を示したものである．表 3-5 では，動的ヘッジによる効果を確認するため，リバランスありのケース (1)，(2)，となしのケース (3)，のそれぞれの結果を記載，また余剰資金の先送り効果を確認するため，リバランスありのケースにおいては，余剰資金の先送りを考慮するケース (2) と考慮しないケース (1) の結果をそれぞれ記載している．これによると，リバランスについては 取引コスト [9] を考慮した上でも，定期的にリバ

9) 利付債の取引コストは，内枠方式で算出されるのが一般的である．そこで本論文では，購入およ

表 3-5　実績サープラスの累積値と分散

(1) リバランス：【有】　資金先送り：【無】

| | 原系列 | | 一次差分系列 | |
|---|---|---|---|---|
| | VAR(1) | AR(1) | VAR(1) | AR(1) |
| 累積値 | 0.176 | 0.362 | 0.496 | 0.509 |
| 分散 | 0.175% | 0.715% | 1.264% | 1.450% |

(2) リバランス：【有】　資金先送り:【有】

| | 原系列 | | 一次差分系列 | |
|---|---|---|---|---|
| | VAR(1) | AR(1) | VAR(1) | AR(1) |
| 累積値 | 0.168 | 0.338 | 0.464 | 0.477 |
| 分散 | 0.165% | 0.637% | 1.131% | 1.299% |

(3) リバランス：【無】

| | 原系列 | | 一次差分系列 | |
|---|---|---|---|---|
| | VAR(1) | AR(1) | VAR(1) | AR(1) |
| 累積値 | 0.083 | 0.180 | 0.367 | 0.343 |
| 分散 | 0.920% | 3.440% | 13.600% | 11.050% |

ランスを行う方が，累積サープラスの値が増加し，分散も大幅に低下することが確認された．これは定期的にモデルパラメータを再計算し，最適ポートフォリオを更新していくことで，負債キャッシュフローに対する資産キャッシュフローの不足リスクを抑制できたことが要因であると考えられる．さらに，リバランスありの場合は，各期の余剰資金を先送りできるケースの方の分散が小さく，リスクの低い運用結果になっていることが分かる．これは，余剰資金を考慮しない場合に比べ，余剰資金を考慮する場合では，債券ポートフォリオから得られる資産キャッシュフローの金額が少なくて済むため，その分，債券ポートフォリオの金利感応度も低下していることが要因であると考えられる．

表 3-6 は時系列モデルごとに，余剰資金の先送りを考慮するケースと考慮しないケースの CVaR の値を，それぞれ示したものである．これによると，余剰資金の先送りを許すモデルの方が CVaR の絶対値で見て，平均値が概ね 0 に近い水準となっており，負債キャッシュフローに対する資産キャッシュフローの

---

び売却金額に $\left(1-\frac{1}{1+\rho}\right)$ を乗じた金額を，取引を仲介する証券会社へ支払う取引コストとし，取引コストを算出する比率として $\rho = 0.005\%(0.5\mathrm{bp})$ を設定するものとする．

表 3-6　時系列モデル別の CVaR

| 時系列モデル | 先送り | 平均値 | 最大値 | 最小値 |
|---|---|---|---|---|
| 原系列 VAR(1) | 有 | -0.00003 | 0.04723 | -0.16796 |
| | 無 | 0.00782 | 0.09071 | -0.17578 |
| 原系列 AR(1) | 有 | -0.00241 | 0.08348 | -0.33823 |
| | 無 | 0.01040 | 0.16131 | -0.36205 |
| 一次差分系列 VAR(1) | 有 | -0.00795 | 0.10002 | -0.46417 |
| | 無 | 0.00595 | 0.19192 | -0.49611 |
| 一次差分系列 AR(1) | 有 | 0.00278 | 0.11346 | -0.47732 |
| | 無 | 0.02705 | 0.21790 | -0.50929 |

下振れリスク (乖離リスク) が抑制できていることが分かる．特に，CVaR の最大値を見ると，どの時系列モデルにおいても余剰資金の先送りを許すモデルの方が，そうでないケースの半分程度の値にリスクが抑制されており，高いリスク削減効果を確認することができる．CVaR の最小値を見ると，全てのケースにおいて値がマイナスとなっているが，これは保険期間満期にかけては，どの時系列モデルにおいても資産残高が増加し，CVaR を計算するような金利低下のワーストケースに近い状態であっても，負債キャッシュフローに対する資産キャッシュフローの不足が生じなくなったのが要因であると考えられる．このことは，図 3-9，図 3-10，の実績サープラスの推移からも確認することができる．

## 6　ま　と　め

本研究では，経済価値ベースの ALM の枠組みの下で，生命保険支払額における将来キャッシュフローの現在価値によって与えられる負債価値の時間的な変動に対する資産側の動的ヘッジ戦略を新たに提案した．その際，負債及び資産の将来キャッシュフローを予測，あるいは確率モデルを用いたシナリオを生成した上で損失を抑制するための最適化問題を定式化し，さらに各期でリバランスをする際にモデルパラメータを再推定して投資配分比率を計算するという，逐次推定・最適化の考え方を適用した．各期の最適化問題においては，損失に対するCVaRを最小化する資産側の投資配分比率を求め，日本市場における実績データを用いて，動的ヘッジ戦略のサープラスに対する損失抑制効果を検証した．具体的には，1995年12月から2014年12月の期間の金利，死亡率の実績データに対して，提案モデルを適用した実証分析を実施し，取引コストに対するペナルティを考慮した上でも，累積サープラスによって与えられる損失が抑制されることを示した．

分析の結果，Nelson-Siegelモデルの水準・傾き・曲率のパラメータに適用する時系列モデルごとで，最終的な累積サープラスの値には差が生じるものの，全ての時系列モデルで累積サープラスによって与えられる損失が抑制されることが確認された．これは，最適化問題の設定から見れば，金利低下のワーストケースに近いシナリオで負債キャッシュフローに対する資産キャッシュフローの不足リスク(CVaR)を最小化しているため，結果として分析期間における市場金利の低下に対して，頑健なポートフォリオが構築できたためと考えられる．次に逐次推定・最適化アルゴルズム適用の側面から見ると，取引コストのペナルティを考慮してもなお定期的にリバランスを行い，モデルパラメータの再計算及び最適ポートフォリオの更新を行う方が，サープラスの変動リスク(分散)を減少させ，結果として累積サープラスの値も大きくなることが確認された．これは実際の金利情勢の時間的な変化に対応して動的な対応を行うことにより，リスクが抑制されたことが原因の一つとして考えられる．また，CVaR最小化モデルについては，各期の余剰資金の先送りを考慮する方がCVaRの値(絶対値)も小さく，さらにサープラスの変動リスク(分散)も減少することになった．このことは，余剰資金の先送りを考慮することで，余剰資金の分だけ当期の投資資金が増加し，負債キャッシュフローに対する資産キャッシュフローの下振れリスクが低減したためと考えられる．今後の課題としては，複数の保険商品を保有する場合の負債キャッシュフローに対する資産側のポートフォリオ最適化への適用や，保険契約者数も変化することで複数の負債キャッシュフローシナリオを考慮する場合への拡張があげられる．

〔参考文献〕

Diebold, F. X. and Li, C. (2006), "Forecasting the term structure of government bond yields," *Journal of Econometrics*, **130**, 337-364.

Iyengar, G. and Ma, A. K. C. (2009), "Cash Flow Matching : A Risk Management Approach," *North American Actuarial Journal, Volume*13, *Number*3, 370-384.

Hastie, T. and Tibshirani, R. (1990), Generalized Additive Models, *Chapman & Hall.*

Hull, J. and White, A. (1990), "Pricing Interest Rate Derivative Securities," *The Review of Financial Studies*, **3**(4), 573-592.

Kobayashi, T. (2016), "A Macro-Financial Analysis of the Term Structure of Credit Spreads in Japanese Corporate Bond Market : A Global Factor Approach," 『第 24 回日本ファイナンス学会大会予稿集』.

Koissi, M.-C. and Shapiro, A. F. (2012), "THE LEE-CARTER MODEL UNDER THE CONDITION OF VARIABLES AGE-SPECIFIC PARAMETERS," *Population Association of America 2012 Annual Meeting Program.*

Lee, R. D. and Carter, L. R. (1992), "Modeling and forecasting U.S. mortality," *Journal of the American Statistical Association*, **87**, 659-675.

Nelson, C. R. and Siegel, A. F. (1987), "Parsimonious modeling of yield curves," *Journal of Business*, **60**(4), 473-489.

Rockafellar, R. T. and Uryasev, S. (2000), "Optimization of conditional value-at-risk," *Journal of Risk, Vol* **2**, 21-41.

Rockafellar, R. T. and Uryasev, S. (2002), "Conditional value-at-risk for general loss distributions," *Journal of Banking & Finance* **26**,1443-1471.

Wood. S. N. (2006), "Generalized Additive Models: An Introduction with R," *Chapman & Hall.*

Yamada, Y. and Primbs, J. A. (2012), "Model Predictive Control for Optimal Portfolios with Cointegrated Pairs of Stocks," *51st IEEE Conference on Decision and Control December 10-13, 2012. Maui, Hawaii, USA.*

飯沼邦彦 (2009),「ソルベンシーⅡ導入を見据えた保険会社のマーケットリスクに関わる ALM の方向性について～欧州への事例と日本への応用～」,『日本アクチュアリー会例会用資料』.

沖本竜義 (2010),『経済・ファイナンスデータの計量時系列分析』, 朝倉書店.

小暮厚之編著 (2007),『リスクの科学　金融と保険のモデル分析』, 朝倉書店.
小暮厚之・長谷川知弘 (2005),「将来生命表の統計モデリング：Lee-Carter 法とその拡張　ヒューマンセキュリティへの基盤研究」,『総合政策学ワーキングペーパーシリーズ　No.**71**』.
辻谷将明・外山信夫 (2007),「R による GAM 入門」,『行動計量学』**34** (1), 111-131.
高橋豊治 (2006),「公社債流通市場におけるイールド・カーブの計測」,『企業研究第 9 号原稿』.
野波健蔵・水野　毅他編 (2015),『制御の辞典』, 朝倉書店.
濱谷健史 (2008),「複数の確率水準に対する CVaR を用いるポートフォリオ最適化モデル」,『京都大学特別研究報告書』.
藤井真理子・高岡　慎 (2008),「金利の期間構造とマクロ経済：Nelson-Siegel モデルを用いた実証分析」,『金融庁金融研究センター ディスカッションペーパー』.
山井康浩・吉羽要直 (2001),「期待ショートフォールによるポートフォリオのリスク計測　具体的な計算例による考察」,『日本銀行金融研究所／金融研究／ 2001.12』.
山井康浩・吉羽要直 (2001),「リスク指標の性質に関する理論的整理　VaR と期待ショートフォールの比較分析」,『日本銀行金融研究所／金融研究／ 2001.12』.
山田雄二 (2008),「風速予測誤差に基づく風力デリバティブの最適化設計」, 津田博史・中妻照雄・山田雄二編『ジャフィー・ジャーナル－金融工学と市場計量分析　非流動性資産の価格付けとリアルオプション』, 朝倉書店, 152-181.

## 付録 A　キャッシュフロー二乗誤差最小化

目的関数として，資産と負債の将来キャッシュフローの二乗誤差を最小化する，キャッシュフロー二乗誤差最小化モデルを以下の通り定義する.

$$\begin{aligned} &\text{Minimize} \quad \|\mathbf{H}\mathbf{x}_t - \mathbf{F}\|_2^2 \\ &\text{Subject to} \quad \mathbf{x}_t \geq 0 \end{aligned}$$

ただし, $\mathbf{H} = \left(h_{m,1}^{(j)} + h_{m,2}^{(j)} + \cdots + h_{m,k}^{(j)}\right)$, $j = 1, 2, \cdots, n$, $F_m^{LC} = vector\left(f_1^{LC}, f_2^{LC}, \cdots, f_n^{LC}\right)$, $\mathbf{F} = \left(F_m^{LC} \times 1000\right)$ である. $\mathbf{F}$ は $\mathbf{H}$ とシナリオ数の単位を揃えるために 1000 倍している ($k = 1000$).

初期時点における投資金額は，時点 0 における将来の予測負債キャッシュフローの現在価値総額とする.

$$ones(1,n)\mathbf{x}_0 = (1+\rho)^{-1}{F_{t+1}^{LC}}^{T}(DF1_0, DF2_0, \cdots, DFn_0)^T$$

時点 1 以降については，$t$ 時点で構築した債券ポートフォリオの $t+1$ 時点における時価金額から，$t+1$ 時点で支払った実績負債キャッシュフロー $f_{t+1}$ を差し引いた投資可能金額の全額を再投資するものとする．

$ones(1,n)\mathbf{x}_{t+1} = (1+\rho)^{-1}[(1+\rho)^{-1}(CIF_t^{n\times n}(1, DF1_{t+1}, \cdots, DFn-1_{t+1})^T)^T\mathbf{x}_t - f_{t+1} + (CIF_t^{n\times 1})^T\mathbf{x}_t\rho]$

キャッシュフロー二乗誤差最小化の最適化モデルに逐次推定・最適化のアルゴリズムを適用し，1995 年 12 月～2014 年 12 月の日本市場に適用した結果は以下の通りである．

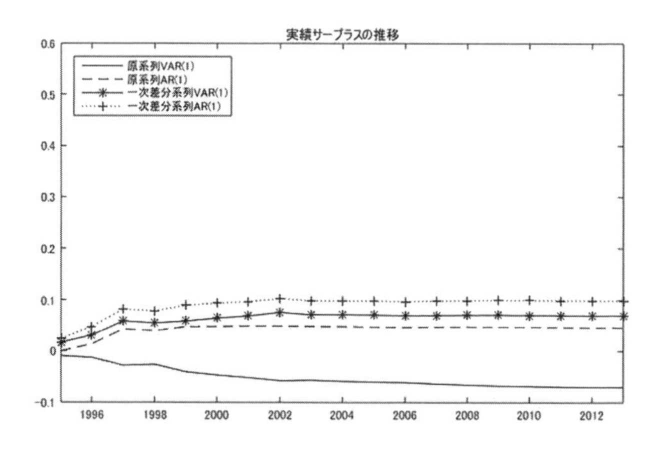


図 **3-11**　実績サープラスの推移

表 **3-7**　実績サープラスの累積値と分散

| | 原系列 | | 一次差分系列 | |
|---|---|---|---|---|
| | VAR(1) | AR(1) | VAR(1) | AR(1) |
| 累積値 | -0.071 | 0.045 | 0.069 | 0.099 |
| 分散 | 0.036% | 0.015% | 0.021% | 0.037% |

図 3-11 は時系列モデルごとの実績サープラスの推移，表 3-7 は実績サープラスの累積値とその分散を示したものである．CVaR 最小化のケースと違い，キャッシュフロー二乗誤差最小化では，Nelson-Siegel モデルの水準，傾き，曲率のパラメータ原系列に VAR(1) モデルを適用した場合には実績サープラスがマイナスで推移した．各パラメータに残る 3 つの時系列モデルを適用した場合も，CVaR 最小化のケースよりは，実績サープラスの水準が低くなっている．これは，キャッシュフロー二乗誤差最小化では，シナリオの平均を上回るケースも，下回るケースも，いずれもリスクとして最適化を行っていることから，負債キャッシュフローに対する資産キャッシュフローの不足額 (CVaR) で評価する場合と違い，金利シナリオの予測精度に，実績サープラスが影響を受けている部分が，大きくなっているためと考えられる．

## 付録 B　Lee-Carter モデル

Lee-Carter モデルは $t$ 年における $x$ 歳の人の対数死亡率を次式で表現するモデルである．

$$\ln(q_{x,t}) = \alpha_x + \beta_x \kappa_t + \varepsilon_{x,t}$$

ただし，$\varepsilon_{x,t}$ は残差項である．パラメータの推定にあたっては，$\alpha_x, \beta_x, \kappa_t$ のこれらパラメータを識別可能とするために，パラメータ間に以下の制約を課す．$\omega$ は生命表における年齢の最大値である．

$$\sum_{x=0}^{\omega} \beta_x = 1, \quad \sum_{t=1}^{T} \kappa_t = 0$$

各パラメータの定性的な解釈は，$\alpha_x$(年齢要因)：年齢 $x$ の平均的な対数死亡率，$\kappa_t$(暦年要因)：対数死亡率の暦年 $t$ による変化，$\beta_x$ (年齢効果)：暦年要因に対する年齢ごとの効果，である．各パラメータの推定値は，上記の識別制約の下で，次式を最小化することにより得られる．

$$\sum_{x=0}^{\omega} \sum_{t=1}^{T} (\ln(q_{x,t)} - \alpha_x - \beta_x \kappa_t)^2$$

将来の死亡率をシミュレーションするには，以上の手続きから得た暦年要因

の推定値 $\hat{\kappa}_t$ に ARIMA モデルを適用し，暦年要因の外挿予測値 $\tilde{\kappa}_t$ を求めたあと，年齢要因パラメータの推定値，年齢効果パラメータの推定値を用いて，以下の式により求めればよい．小暮 (2007) では，暦年要因の推定値 $\hat{\kappa}_t$ に適合する時系列モデルは ARIMA モデルを使用するのが標準的な手続き[10) ]としているが，本研究では一般化加法モデル (Generalized Additive Model：以下 GAM ) を適用することを考える．一般化加法モデルの外挿予測値の求め方については，山田 (2008) が詳しい．

$$\tilde{q}_{x,t} = \exp\left(\hat{\alpha}_x + \hat{\beta}_x \tilde{\kappa}_t\right)$$

## 付録 C　動的 Nelson-Siegel モデル

本稿では Nelson-Siegel モデルの水準，傾き，曲率の各パラメータを時変パラメータとして取り扱い，以下の動的 Nelson-Siegel モデルにより各時点におけるゼロイールドカーブを表現する．

$$y_t(m) = \beta_{1,t} + \beta_{2,t}\left(\frac{1-e^{-m\lambda_t}}{m\lambda_t}\right) + \beta_{3,t}\left(\frac{1-e^{-m\lambda_t}}{m\lambda_t} - e^{-m\lambda_t}\right)$$

$\beta_{1,t}, \beta_{2,t}, \beta_{3,t}$ に対して適用する時系列モデルは以下の通りである．

- AR(1) モデル

$$\beta_{x,t} = c_x + \phi_1 \beta_{x,t-1} + \varepsilon_{x,t},\ \varepsilon_{x,t} \sim \mathrm{W.N.}(\sigma^2)$$

- VAR(1) モデル

$$\begin{pmatrix}\beta_{1,t}\\ \beta_{2,t}\\ \beta_{3,t}\end{pmatrix} = \begin{pmatrix}c_1\\ c_2\\ c_3\end{pmatrix} + \begin{pmatrix}\phi_{11} & \phi_{12} & \phi_{13}\\ \phi_{21} & \phi_{22} & \phi_{23}\\ \phi_{31} & \phi_{32} & \phi_{33}\end{pmatrix}\begin{pmatrix}\beta_{1,t-1}\\ \beta_{2,t-1}\\ \beta_{3,t-1}\end{pmatrix} + \begin{pmatrix}\varepsilon_{1,t}\\ \varepsilon_{2,t}\\ \varepsilon_{3,t}\end{pmatrix},\ \begin{pmatrix}\varepsilon_{1,t}\\ \varepsilon_{2,t}\\ \varepsilon_{3,t}\end{pmatrix} \sim \mathrm{W.N.}(\boldsymbol{\Sigma})$$

ただし，$\Sigma[i,j] = \mathrm{Cov}(\varepsilon_i, \varepsilon_j)$ である．

パラメータの具体的な推定手順は以下の通りである．

(1) $\lambda$ 値を任意の定数により与えて，ファクター負荷量を求める．

---

10)　インサンプル期間が短い場合は，ランダムウォークモデルを使用する場合もある．

(2) 上記ファクター負荷量から，各時点におけるパラメータの推定値 (水準，傾き，曲率) を線形回帰の回帰係数 (最小二乗推定値) として得る[11].

(3) 形状パラメータ $\lambda$ は，実際のイールドカーブと理論イールドカーブ (Nelson-Siegel モデル) との残差二乗和 (SOSE：Sum of Square Error) の合計値 ($\sum_t U_t(\lambda)$) が最小となる値を選択する．

$$U_t(\lambda) = \sum_{j=1}^{s}\left[y_t(m_j) - \beta_{1,t} - \beta_{2,t}\left(\frac{1-e^{-m_j\lambda_t}}{m_j\lambda_t}\right) - \beta_{3,t}\left(\frac{1-e^{-m_j\lambda_t}}{m_j\lambda_t} - e^{-m_j\lambda_t}\right)\right]^2$$

(4) 上記で得られた $\lambda$ を使用してファクター負荷量，及び水準 ($\hat{\beta}_{1,t}(\hat{\lambda})$)，傾き ($\hat{\beta}_{2,t}(\hat{\lambda})$)，曲率 ($\hat{\beta}_{3,t}(\hat{\lambda})$) のパラメータ推定値を再計算する．なお，形状パラメータ $\lambda$ はインサンプル期間の全てにおいて時変的な値を使用することもできるが，本研究では推定の安定性を優先するため，インサンプル期間の全ての時点において共通の値を使用する．

(5) 上記の手続きにより求めた水準 (Level), 傾き[12] (Slope), 曲率[13] (Curvature) の各パラメータの原系列と一次差分系列に対して，それぞれ AR(1), VAR(1) の時系列モデルを適用後，モンテカルロ・シミュレーションにより将来のゼロイールドカーブの予測シナリオを生成する．なお，本研究では，VAR(1) モデルについてはパラメータ間の相関を考慮するが，AR(1) モデルについては，各パラメータは独立であるとの前提を置く．

（穴山裕司：ソニー生命保険[14]）
（山田雄二：筑波大学ビジネスサイエンス系）

11) Nelson-Siegel モデルの理論イールドカーブに対する非負制約を付した上で最小二乗推定値を求めている．
12) 長短金利差を表わす．
13) バタフライスプレッドを表わし，「たわみ」とも表現される．
14) 本稿は著者個人の見解であり，所属する企業の公式見解ではない．

# 4　Contingent Capital を用いた銀行のリスク管理に関する研究

岩熊淳太・枇々木規雄

**概要**　世界的な金融危機を経て，銀行は経営悪化時の損失吸収力を高めることが求められている．バーゼル III では自己資本比率の悪化時や規制当局判断による実質破綻時に株式転換や元本の削減が行われる債券である Contingent Capital のみが資本性証券として認められるようになった．Contingent Capital は効率的に経営悪化時の自己資本の充足度を高め，銀行を安定化させるツールとして，その役割に期待が高まっている．中長期的なリスク管理の観点から Contingent Capital が銀行に与える影響を分析する場合，銀行の収益構造やリスク特性を考慮することは重要な問題である．しかし，Contingent Capital は転換条項や元本削減条項が含まれることから様々な要因と複雑に相互依存し，その影響を適切に把握することは非常に困難である．そのため，これまでの先行研究では銀行の収益構造やリスク特性はほとんど考慮されていない．本研究では銀行の持つ様々なリスク特性と収益構造に着目したモデルを構築し，Contingent Capital が銀行の中長期的なリスク管理に与える影響についてモンテカルロ・シミュレーションを用いた分析を行う．分析の結果，Contingent Capital は銀行のテイルリスクの削減に大きく貢献し，本来の目的である損失吸収力の向上につながる可能性が高いことを示した．しかし，必要以上にトリガー水準を高く設定しても，銀行の破綻確率や自己資本の毀損確率は低下せず，それ以上の損失吸収力の向上のためには Contingent Capital の発行量が大きな影響を持つことがわかった．

# 1 はじめに

世界的な金融危機を経て，銀行をはじめとする金融機関ではより高度なリスク管理の必要性が高まっている．特に，大規模金融機関の破綻は金融システム全体に与える影響が非常に大きいため，公的介入によって破綻を防がざるを得ない“Too Big To Fail”という問題を抱えている．しかし，公的介入の原資は国民 (納税者) の資本であり，さらには銀行が救済を前提とした経営活動を行うというモラルハザードへの懸念が問題となる．

バーゼル III では，経営悪化時の損失吸収力の確保を強く意識しており，水準・質ともにより高水準の自己資本の確保を各銀行に求めている．従来，資本性証券として認められていた優先出資証券や劣後債などのハイブリッド証券が危機時に資本としての役割を果たさなかった反省を踏まえ，新しい資本性証券として，普通株等 Tier1 比率 (以下 CET1 比率) 等の自己資本比率がトリガーを下回ることで判断される「経営悪化」や規制当局による「実質破綻」の判断によって，株式転換または元本の削減によって損失吸収を行う条項がついた債券である Contingent Capital(以下 CC) [1] が導入された (Basel Committee on Banking Supervision (以下 BCBS) (2010), (2011) 参照).

CC は有事の際のみ資本に算入されるため，過度に自己資本を積み上げるよりも，効率的に経営悪化時の自己資本の充足度を高め，銀行を安定化させるツールとして，その役割に期待が高まっている．2009 年 11 月の英国のロイズ・バンキング・グループによる CC 発行を初めとして，欧州では既に CC の発行が多く行われ，市場での取引量も急増している (菅野 (2012) 参照)．邦銀においても，2015 年 3 月の三菱 UFJ フィナンシャル・グループの CC 発行に続き，みずほフィナンシャル・グループ，三井住友フィナンシャル・グループも続いて CC を発行している．

1) Contingent Convertible Bond (CoCo Bond), Contingent Convertible Securities (CoCos) 等とも呼ばれている．

CC は Flannery (2005) [2] によって提案されてから，学術的にも様々な研究が行われてきた．しかし，CC は転換条項や元本削減条項が含まれることによって様々な要因と相互依存関係を持ち，銀行の劣後構造を複雑化させるため，その影響を適切に把握することは非常に困難であり，依然としてその効果や影響は明らかになっていない点も多い．CC はその複雑なオプション性からプライシング手法の開発と，金利の変動要因などのリスク特性の分析が主流である．詳細な銀行のモデル化が必要であることから，銀行のリスク管理への有効性を分析した研究は少ない．

プライシング手法に関しては，CC を社債部分と株式を原資産とするオプション部分に分解するエクイティ・デリバティブ・アプローチ，転換時損失と転換確率を推計し，キャッシュフローを変動リスク分のスプレッドを上乗せした DF で割り引くクレジット・デリバティブ・アプローチ，銀行の B/S をモデル化し，その変動から株価や CC 価値を算出する構造型アプローチの 3 つのアプローチが主に用いられている (Wilkens and Bethke (2014) )．De Spiegeleer and Schoutens (2012) はエクイティ・デリバティブ・アプローチとクレジット・デリバティブ・アプローチの 2 種類のアプローチで CC のプライシングモデルを考案している．エクイティ・デリバティブ・アプローチは株式を原資産とするオプションを利用したプライシングモデルであり，Black-Scholes 式 (以下，BS 式) を用いて解析的に扱えるようなモデルが多い．これらのアプローチでは，CC のオプション部分が持つ (マイナスの) 価値の大きさがわかりやすいという利点があるものの，CC にとって重要な発行体の銀行の B/S 構造が反映されていないという欠点を持つ．Berg and Kaserer (2015)，Chen et al. (2013) は構造型アプローチを用いたプライシングを行っている．構造型アプローチは銀行の B/S をモデル化することで CC を最も直接的に記述したアプローチであり，負債・純資産側は銀行の預金・劣後債・CC・株式等の劣後順のモデル化がされるが，資産側は特定の資産を想定せずに負債側の各項目を資産価値のオプションとして記述される．特に，資産全体の収益率変動が正規分布であることを仮定して，BS 式を用いて解析解を得ることが多い [3]．構造型アプローチで

---

2) 論文の中では，CC を Reverse Convertible Debentures と呼んでいる．
3) 資産価値を原資産としたオプションとして BS 式を用いて解析的にモデル化し，リスク管理分野

は，原資産は株式ではなく銀行の資産であることがエクイティ・デリバティブ・アプローチと大きく異なる点である．これらの研究においては，CC を導入することで，銀行が資産のボラティリティを大きくとることに対するリスクテイク・インセンティブなどのモラルハザードが起きやすくなるかという点にも着目している研究が多い．Berg and Kaserer (2015) では，CC の株式への転換価格の問題を扱っており，転換価格が高すぎる場合には CC 保有者から既存株主への富の移転が生じるためにモラルハザードの問題が強まることが示されている．Chen et al. (2013) は CC の転換トリガーの水準について議論を行っており，デフォルト前に転換が必ず行われるように十分にトリガー水準が高く設定され，転換によって CC 保有者が有利になることのない CC は，モラルハザードを防ぐことができるとしている．

次に，CC のリスク管理への有効性に着目した研究では，CC のリスク特性，CC の商品性に関する研究が主に行われている．鎌田 (2010) は，銀行の負債サイドとして，CC・預金・劣後債・株式を持ち，0 期で CC 等を発行し，1 期目で破綻・転換を判定し，2 期目で必ず解散することを想定した簡易なモデルを構築し，劣後債金利との関係や CC の発行額の影響など，CC 金利の性質および決定要因について分析をしている．ここでは，資産サイドの具体的な資産は明示的に扱わず，収益分布が特定の分布に従うことを仮定して，状態価格を用いたプライシングを行っている．分析の結果，CC は商品性や発行条件によっては市場を不安定化する可能性があること，CC の効果は様々な経済環境の変化に敏感に反応することなどを示している．

これまでの CC に関する研究では銀行の B/S をモデル化し，劣後構造のモデル化を行っている構造型アプローチであっても，筆者たちの知る限りではあるが，銀行の資産側の構成や銀行の収益構造について着目している研究は行われていない．しかし，CC が銀行の中長期的なリスク管理に与える影響をより現実的に分析するためには，銀行の資産構成を含めた収益構造の把握や銀行の持つリスク特性の考慮が必須である．

---

で応用すると，その資産の感応度 (グリークス) を利用したモラルハザードの分析が可能になる．一方，BS 式を用いる場合の問題点は資産の収益率を正規分布と仮定することである．これは株価収益率を正規分布と仮定するよりも強い仮定であると考えられる．

本研究では，岩熊・枇々木 (2015) で提案されたリスク管理モデルを利用し，金利リスクや信用リスクの依存構造を考慮した上でリスクファクターをモデル化する．銀行の収益分布に対して具体的にシミュレーションを行い，CC の発行が与える影響をより銀行の実態に即した形で評価する．本研究の主な貢献は以下の通りである．

- 先行研究では考慮されていない銀行の資産側の具体的なモデルを提案し，CC が銀行の中長期的なリスク管理へ与える影響についてより適切に分析を行うことを可能にした．モンテカルロ・シミュレーションを用いた分析の結果，CC は銀行のテイルリスクの削減に大きく貢献し，本来の目的である損失吸収力の向上に有効である可能性があることを示した．
- 必要以上にトリガー水準を高く設定しても，銀行の破綻確率や自己資本の毀損確率は低下せず，それ以上の損失吸収力の向上のためには CC の発行量が大きな影響を持つことがわかった．また，CC の転換後の銀行の経営活動も含めた数値分析を行うことによって，転換が発生する状況では銀行自体の収益力が減少しているため，損失吸収の大きさに直結する CC の発行量が重要であることを示した．

本論文の構成は以下の通りである．まず，2 節では本研究の分析モデルやシミュレーション方法を説明する．3 節では基本的な数値分析に加えて，CC の発行量，トリガー水準，銀行の収益環境に関して，銀行に与える影響について感度分析を行う．最後に，4 節で結論と今後の課題についてまとめる．

## 2　モデルの構築

### 2.1　銀行モデル

本研究では銀行の代表的な資産・負債項目をモデル化し，主なリスクである金利リスク・信用リスク・オペレーショナルリスクに加え，コア預金[4)] やプリペイメント等の銀行勘定のリスクを考慮した包括的なモデルを構築する．

---

4)　金融庁監督指針 (金融庁 (2015)) では，コア預金は「明確な金利改定間隔がなく，預金者の要求によって随時払い出しされる預金のうち，引き出されることなく長期間銀行に滞留する預金」と定義されている．

岩熊・枇々木 (2015) は，銀行勘定のリスク管理において，トレーディング勘定のリスク管理に用いられる経済価値アプローチと，銀行勘定の特性を反映した時価変動を考慮した期間収益アプローチである修正期間収益アプローチの比較を行い，銀行勘定の特性を考慮することの重要性を示した．その際に，具体的な仮想銀行の B/S を想定し，コア預金や将来の預貸金の流出入を考慮するなど，銀行の収益構造をモデル化した上で，信用リスクとの依存構造を反映した金利リスク管理モデルを構築した．本研究では岩熊・枇々木 (2015) で構築された銀行モデルをもとに，銀行の収益構造のモデル化を行う．

長期的な銀行の経営に最も重要なのは銀行勘定の資産・負債であるため，預金と貸出金などの銀行勘定に重点を置いて銀行の B/S をモデル化する．銀行の資産・負債項目として，資産の部では国債・社債・貸出金 (企業向け融資・個人向け住宅ローン)・現金，負債の部では定期預金・普通預金を想定する．なお，国債・社債に関してはトレーディング勘定，それ以外の資産負債は銀行勘定として保有することを想定する [5)]．外部の経済環境シナリオのもとで，銀行勘定の資産・負債シナリオを生成し，将来キャッシュ・フローの推計およびリスク評価を行う．本研究で用いるモデル構造の概要を図 4-1 に示し，各モデルについて簡単に説明する．

経済環境シナリオに関連するリスクとして，金利リスク，信用リスク，預金・貸出残高リスクの 3 つを考慮する．金利の期間構造の変動は Diebold and Li (2006) で提案されている動的な Nelson-Siegel モデル (水準・傾き・曲率の 3 ファクターモデル) で記述し，与信グループごとの与信先の格付推移は J.P.Morgan (1997) の企業価値モデル (Credit Metrics$^{\mathrm{TM}}$) を用いて記述する．コピュラを用いてこれらのファクター間の依存構造を表現し，金利リスクと信用リスクの依存構造を考慮する [6)]．

動的な Nelson-Siegel モデルは，$t$ 時点の $\tau$ 時点満期のスポットレート $y_t(\tau)$ を (1) 式で表現する．

---

5) 岩熊・枇々木 (2015) では国債・社債を銀行勘定の資産として保有することを想定していたが，本研究では銀行のリスクアセットの計測に市場リスクを含めるため，これらの資産をトレーディング勘定として保有することを想定する．

6) コピュラに関する詳細は戸坂・吉羽 (2005) を参照されたい．

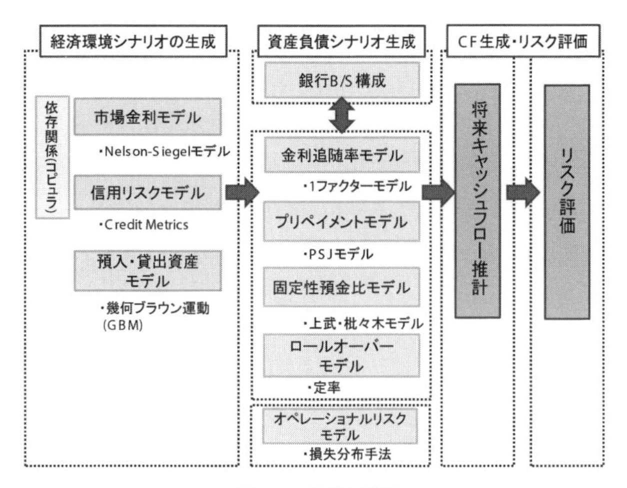


図 **4-1**　モデル概要

$$y_t(\tau) = \beta_{1,t} + \beta_{2,t}\left(\frac{1-e^{-\lambda\tau}}{\lambda\tau}\right) + \beta_{3,t}\left(\frac{1-e^{-\lambda\tau}}{\lambda\tau} - e^{-\lambda\tau}\right) \tag{1}$$

ここで，$\beta_1$ は水準 (level)，$\beta_2$ は傾き (slope)，$\beta_3$ は曲率 (curvature) を表すファクター (パラメータ) であり，$\lambda$ は $\beta_3$ が最大になる満期を決定するパラメータである [7]．Nelson-Siegel モデルのファクターが AR(1) モデルに従うと仮定して金利期間構造を動的に表現する．Credit Metrics™ モデルは企業の格付推移と株式収益率の変動に確定的な関係があり，多変量正規分布に従う各業種の株式収益率が閾値を超えると格付変動が起きると仮定する．閾値は過去の格付推移行列データを用いて決定される．金利リスクと信用リスクの依存構造は正規コピュラ [8] を用いて記述し，二つのリスク間の分散効果を考慮することを可能にする．本研究では，Nelson-Siegel モデルの水準，傾き，曲率を表現するファクターの変動が従う AR(1) モデルの誤差項と Credit Metrics™ のリスクファクターである株式収益率を正規コピュラで記述する．

将来の預金残高 $DB_t$，貸出残高 $LB_t$ は幾何ブラウン運動 (GBM) に従うと

---

7)　パラメータ $\lambda$ の推定にあたっては安定性を保つために，Diebold and Li (2006) と同様に $\beta_3$ の係数が $\tau = 2.5$(年) で最大になるように決定し，$\lambda$ を固定する ($\lambda = 0.7173$).

8)　正規コピュラは多変量正規分布と同じ依存構造を持つコピュラであり，以下のように表現される.

$$C_N(u_1, \ldots, u_n) = \Phi\left(\Phi^{-1}(u_1), \ldots, \Phi^{-1}(u_n)|\Sigma\right)$$

ここで，$u_i \in [0,1]$ $(i = 1, \ldots, n)$，$\Sigma$ は相関係数行列である.

仮定して [9)]，それぞれ (2), (3) 式の確率微分方程式で表す．

$$dDB_t = \mu^{DB} DB_t dt + \sigma^{DB} DB_t dz_{DB} \tag{2}$$

$$dLB_t = \mu^{LB} LB_t dt + \sigma^{LB} LB_t dz_{LB} \tag{3}$$

$$c_{DB,LB} dt = \mathrm{correl}(dz_{DB}, dz_{LB})$$

$\mu^{DB}$，$\mu^{LB}$，$\sigma^{DB}$，$\sigma^{LB}$ はそれぞれ預金・貸出のドリフト，ボラティリティを表すパラメータであり，$dz_{DB}$，$dz_{LB}$ はウィーナー過程である．2つのウィーナー過程には相関 $c_{DB,LB}$ を仮定する．ドリフトやボラティリティ，相関関数の各パラメータは過去の預金・貸出残高データから推計する．次に，銀行の資産・負債のキャッシュフローシナリオを生成するためのモデルとオペレーショナルリスクモデルを記述する．将来の流入量が推計された預金の内訳は銀行の大半を占める，流動性預金 (普通預金) $LD_t$ と固定性預金 (定期預金) $TD_t$ の二種類であると仮定する．したがって，預金残高は $DB_t = LD_t + TD_t$ として表される．流動性預金は満期の定めがなくいつでも預金者は自由に引き出すことができるものの，実際には多くの部分が滞留し続けるため，コア預金と呼ばれる．銀行は適切に預金残存部分を見積もることで，国債や貸出資産等の長期保有資産の金利リスクを相殺し，収益拡大のための源泉として利用することが可能になる．そこで，流動性預金の不確実なキャッシュフロー変動は，上武・枇々木モデル (2011) を用いて記述する [10)]．上武・枇々木モデルでは，金利の変動やトレンドによって生じる流動性預金と固定性預金の振り替えを $\rho_t = TD_t/LD_t$ で表現される固定性預金比 $\rho_t$ を用いて (4) 式で表現する．

$$\rho_t = (\alpha_1 \ln r_t - \alpha_2)t + \alpha_3 \ln r_t + \alpha_4 \tag{4}$$

ここで，$\alpha_i (i = 1, 2, 3, 4)$ は定数，$r_t$ は時点 $t$ における市場金利であり，本研

9) 銀行は預金金利や貸出金利の設定によって残高のコントロールを行うと想定することは可能であるが，その設定金利は他行の設定金利との関係によって生じる顧客の行動を含めたモデル化が必要である．また，貸出金に関しては経済環境による貸出需要も考慮しなくてはならない．したがって，本研究では簡単のため預金と貸出金の新規残高は確率的に変動し，外生的に与えられることを想定する．

10) 上武・枇々木 (2011) は 4 つのモデルを提案しているが，(4) 式はその中で最も優れたモデル 4 を示している．

究では6か月物金利を利用する[11]．預金や貸出金利は市場金利に部分的に連動する金利が設定される．この市場金利への連動率を追随率と呼ぶ．本研究では短期プライムレート，定期預金金利，普通預金金利を市場金利による1ファクターモデルによって表現する．$t$ 時点で資産 $X$ へ適用される金利 $r_t^X$ は，その金利が参照する年限 $\tau^X$ の市場金利 $y_t\left(\tau^X\right)$ を用いて (5) 式で表現する．

$$r_t^X = a^X + b^X \cdot y_t\left(\tau^X\right) + e_t^X \tag{5}$$

なお，$e_t^X$ は誤差項であり，回帰係数 $b^X$ が追随率に相当する．長期貸出に適用される新長期プライムレート (以下，新長プラ) は短期プライムレートへスプレッドを上乗せすることで決定する．また，計画期間中に追随率 $b^X$ や切片項 $a^X$ の水準は変化しないと仮定する．

住宅ローンのプリペイメントは時間経過のみの関数モデルであるPSJモデル (日本証券業協会 (2006)) を用いて簡易的に記述する．PSJモデルはシーズニング月数を60か月，60か月経過時の期限前償還率を $x$ %として，経過月数 $m$ か月の年間期限前償還率 $CPR_m$ を (6) 式で表現する．

$$CPR_m(\%) = \min\left(\frac{x}{60} \times m, x\right) \tag{6}$$

簡単のため，住宅ローンの債務者は全て経過月数 $m = 0$ の新規の債務者であると仮定する．

ロールオーバーに関するデータは入手が困難で，標準的なモデルも存在しないため，本研究では一定のロールオーバー率を用いる．

オペレーショナルリスクを評価する手法は三國・枇々木 (2014) と同じ損失分布手法を用いて，「頻度」と「損失額」の組み合わせとして損失額分布を推計する．「頻度」の分布はポアソン分布を仮定し，リスク計測期間内に発生するオペレーショナル損失の回数を表す[12]．「損失額」の分布は1件当たりの損失額を $X$ とすると，閾値 $u$ からの超過金額 $x = X - u$ が一般化パレート分布に

---

11) (4) 式では市場金利 $r_t$ は正の値をとることを仮定している．本研究の数値分析で用いたデータ期間には金利が負となる期間は含まれていない．ただし，6か月円LIBOR(市場金利) は2016年5月以降，しばしばマイナス金利となっており，このような状況を踏まえた分析は今後の課題としたい．

12) ポアソン分布の確率密度関数は $f(x) = \frac{e^{-\lambda}\lambda^x}{x!}$ で与えられ，期待値を表すパラメータ $\lambda$ を平均損失発生件数として推計する．

従うと仮定し，その分布関数 $GPD(x)$ は (7) 式で与えられる．

$$GPD(x) = -\left(1 + \frac{\xi}{\beta}x\right)^{\frac{1}{\xi}} \quad (\xi \neq 0) \tag{7}$$

ここで，$\xi, \beta$ はそれぞれ形状，尺度パラメータである．モンテカルロ・シミュレーションによって，損失回数と損失額のパスをそれぞれ生成し，その合計から損失分布を得る．一般に，オペレーショナルリスクの「頻度」と「損失額」は金利・信用リスク等とは無相関であると考えられるため，オペレーショナルリスクは金利・信用リスクとの相関構造は考慮しない．

以上のモデルを用いて銀行全体の将来のキャッシュフローを推計し，リスク評価を行う．

### 2.2 資産・預金価値評価

本項では各資産・預金の価値を算出する方法を述べる．なお，銀行の負債として保有する劣後債，CC と株式価値の評価は相互依存関係を考慮するため後述する別の手法で価値を算出する．各資産・負債の価値は将来キャッシュフロー[13)] をリスクプレミアムを考慮した割引率で割り引いた値として算出する．$m^X$ を資産・負債 $X$ の満期，$CF_t^{X(i)}$ を時点 $t$ に資産 $X$ から生じるキャッシュフローとすると，資産 $X$ のパス $i$ の時点 $t$ における価値 $\theta_t^X$ は (8) 式で書くことができる．

$$\theta_t^{X(i)} = \sum_{t'=t+1}^{t+m^X} CF_{t'}^{X(i)} DF_{t,t'}^{X(i)} \tag{8}$$

ここで，$DF_{t,t'}^{X(i)}$ は資産・負債 $X$ のパス $i$ における時点 $t'(t' > t)$ から時点 $t$ までの割引係数であり，$t$ 時点から $t'$ 時点までのスポットレート $y_t(t')$ を用いて (9) 式のように記述できる．

$$DF_{t,t'}^{X(i)} = \frac{1}{\left(1 + y_t^{(i)}(t') + \delta^{X(i)}\right)^{t'-t}} \tag{9}$$

リスクプレミアム $\delta^{X(i)}$ は各資産・負債のリスクによって決まり，信用リスクを考慮しない国債・預金ではゼロ，信用リスクを持つ社債・貸出に対しては格

---

13) デフォルト発生時には回収率分のキャッシュフローを加える．

付に依存して設定する．次に，預金の価値評価を行う．本研究では普通預金は将来の銀行ポートフォリオの普通預金残高全体の推移 $LD_t^{(i)}$ をモデル化している．普通預金の最大満期を $m^{LD}$ とし，各時点から $m^{LD}$ 時点後に残存する預金はその時点で全て引き出されると想定する．普通預金金利を $r_t^{LD(i)}$ とすると，普通預金残高全体の価値 $\theta^{LD(i)}$ は (10) 式のように記述できる．

$$\theta_t^{LD(i)} = \sum_{t'=t+1}^{t+m^{LD}} LD_{t'-1}^{(i)} r_{t'-1}^{LD} DF_{t,t'}^{LD(i)} + \sum_{t'=t+1}^{t+m^{LD}-1} \left( LD_{t'-1}^{(i)} - LD_{t'}^{(i)} \right) DF_{t,t'}^{LD(i)} + LD_{m^{LD}-1}^{(i)} DF_{t,m^{LD}}^{LD(i)} \tag{10}$$

(10) 式の第 1 項は各時点における利息を，第 2 項と第 3 項はそれぞれ，各時点，最大満期時での預金の引出等の流出入によるキャッシュフローを表す．数値分析において普通預金の最大満期 $m^{LD}$ は 10 年と設定する．

### 2.3 Contingent Capital・劣後債・株式の評価

#### a. 対象とする Contingent Capital の特徴

本研究では，株式転換型の損失吸収を行い，その転換トリガーと転換価格は CET1 比率，発行時点の株価を基準に決定する CC を対象とする．CC から株式への転換時の取得株数は決定されているが，CC 価値は転換時の株価に依存するため，不確実である．本項では，このタイプの CC の特徴を説明する．CC は銀行の CET1 比率が各期末において転換トリガーを上回り続けている間は，債券として扱われ，各期末にクーポンが支払われる．転換トリガーを下回った場合，株式に転換され，以後債券に戻ることはない．CC の株式転換が行われると，損失吸収によって株式価値の上昇要因となる一方，株式数の増加によって希薄化が発生する．また，転換時の株式価値は CC の転換時の価値に影響を与える．劣後債においては CC の発行によって銀行の破綻確率が減少するため，価値が上昇すると考えられる．劣後債の価値変化は劣後債金利の減少につながり，CC の転換発生頻度に影響を与える．このように CC は複雑な相互依存構

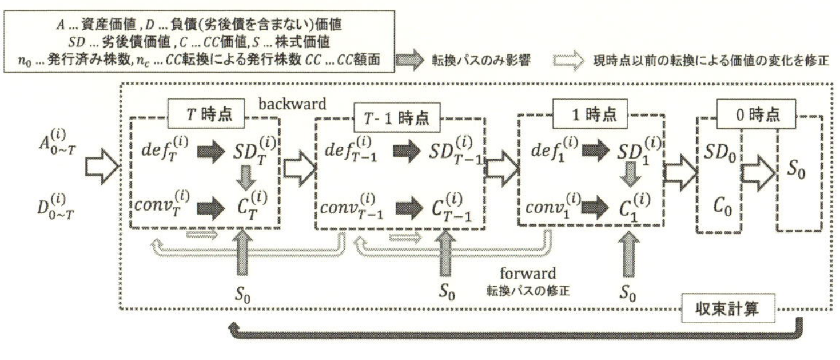


図 4-2 プライシングの概要

造を持つ [14].

**b. Contingent Capital・劣後債・株式の価格付手法**

CC は劣後債や株式の価値と相互依存の関係にあるため，これらの価値は同時に決定する必要がある．CC・劣後債・株式はバックワードにスプレッドを上乗せした割引率で将来 CF を割り引くアプローチを用いるが，転換やデフォルトを適切に考慮するための修正と，相互依存関係を考慮するために反復計算を利用する．この計算方法を導入する前提として，シミュレーション期間と CC・劣後債の満期を同一に設定する．プライシングの概要を図 4-2 に示す．

図 4-2 および以降用いる記号を定義する [15].

$def_t^{(i)}$：$t$ 時点のパス $i$ でデフォルトが起きる場合に 1，起きない場合に 0 を取るダミー変数

$conv_t^{(i)}$：$t$ 時点のパス $i$ で転換が起きる場合に 1，起きない場合に 0 を取るダミー変数

$K_c$：転換トリガー

$A_t^{(i)}$：$t$ 時点のパス $i$ の資産価値の合計

$D_t^{(i)}$：$t$ 時点のパス $i$ の劣後債を含まない負債価値 (= 預金) の合計

---

14) トリガー抵触時に株式転換ではなく，CC の元本を全額，または一部削減する元本削減型の CC も存在する．元本削減型の CC は，転換時の価値が決定しており (全額削減の場合はゼロ)，株式の希薄化も生じない等，株式転換型に比べると相互依存構造がやや単純である．元本削減型の CC の性質は劣後債と類似しており，銀行の破綻前に元本の毀損が起きる劣後債と考えることができる．

15) $A_t^{(i)}$ は資産価値の合計，$D_t^{(i)}$ は負債価値の合計 (劣後債を除く) であるが，3 節の数値分析では，表 4-1 にある勘定科目からそれぞれ構成される．これらを数式で表現すると変数の設定などが煩雑になるため，その詳細な記述は省略する．

$SD_t^{(i)}$, $C_t^{(i)}$：元本1円当たりの $t$ 時点のパス $i$ の劣後債価格，CC価格

$n_0$：初期時点での発行済み株式数

$\alpha$：CCの転換価格倍率

$sd$, $cc$：劣後債，CCの元本

$r^{SD}$, $r^{CC}$：劣後債，CCの金利

$RWA_t$：$t$ 時点のリスクアセット

$I$: シミュレーション・パス数 (煩雑さを避けるために，式の中に $(i)$ が含まれていても，$(i=1,\ldots,I)$ は省略する)

$T$：シミュレーション期間，CC・劣後債満期

図4-2に沿って，簡単にプライシングの方法を説明する．

**1. 満期時点 $T$ のデフォルト，転換の判定を行う**

劣後債の金利と元本を支払うことができなくなった場合をデフォルトと判定し，CET1比率がトリガー水準 $K_c$ を下回った場合に転換と判定する．デフォルトの判定時には必ず先にCCは転換をしていることを前提とする．リスクアセットの算出方法はc項で後述する．

$$def_T^{(i)} = \begin{cases} 1 & (E_T^{(i)} \leq 0) \\ 0 & (E_T^{(i)} > 0) \end{cases}, \tag{11}$$

ただし，$E_T^{(i)} = A_T^{(i)} - D_T^{(i)} - sd\left(1 + r^{SD}\right)$

$$conv_T^{(i)} = \begin{cases} 1 & \left(CET1_T^{(i)} \leq K_c\right) \\ 0 & \left(CET1_T^{(i)} > K_c\right) \end{cases}, \tag{12}$$

ただし，$CET1_T^{(i)} = \dfrac{A_T^{(i)} - D_T^{(i)} - sd\left(1 + r^{SD}\right) - cc(1 + r_{CC})}{RWA_T}$

$CET1_T^{(i)}$ は満期時点のCET1比率を表す．ここでは，転換・デフォルトがない場合に満期時点のCC・劣後債価格が1であることを利用している．

**2. 満期時点のCC・劣後債価格，株式価値などを算出する**

CCの転換価格は転換価格倍率 $\alpha$ を用いて $\alpha S_0$ となるため，CC元本1円当たりの取得株数は $1/(\alpha S_0)$ である．満期時点の劣後債の価格 $SD_T^{(i)}$，CCの価格 $C_T^{(i)}$ をそれぞれ(13), (14)式で算出する．

$$SD_T^{(i)} = \begin{cases} 1 & (def_T^{(i)} = 0) \\ \frac{A_T^{(i)} - D_T^{(i)}}{sd} & (def_T^{(i)} = 1) \end{cases} \tag{13}$$

$$C_T^{(i)} = \begin{cases} 1 & (conv_T^{(i)} = 0) \\ \frac{A_T^{(i)} - D_T^{(i)} - SD_T^{(i)}}{n_0 + \frac{cc}{\alpha S_0}} \times \frac{1}{\alpha S_0} & (conv_T^{(i)} = 1 \text{ and } def_T^{(i)} = 0) \\ 0 & (conv_T^{(i)} = 1 \text{ and } def_T^{(i)} = 1) \end{cases} \tag{14}$$

(14) 式の転換時の CC 価値は転換時株価 $\frac{A_T^{(i)} - D_T^{(i)} - SD_T^{(i)}}{n_0 + cc/(\alpha S_0)}$ と取得株数の積で計算される[16]．転換発生時に CC 発行時点の株価 $S_0$ が変数となるが，この時点で $S_0$ を決定することはできないので，初期値を適当に与えて計算を行う[17]．

**3. 1 時点ずつバックワードに $t$ 時点 $(1, 2, ..., T-1)$ の転換・デフォルトの判断をするとともに，劣後債と CC の価値を算出する**

$t$ 時点の転換・デフォルトはそれぞれ (15), (16) 式で判定される．デフォルトの判定は満期時点と同じように行う．すなわち，満期到来前であっても劣後債の元本と利息分の自己資本を持っていない場合をデフォルトとして判定する．

$$def_t^{(i)} = \begin{cases} 1 & (E_t^{(i)} \leq 0) \\ 0 & (E_t^{(i)} > 0) \end{cases}, \tag{15}$$

ただし，$E_t^{(i)} = A_t^{(i)} - D_t^{(i)} - sd\left(1 + r^{SD}\right)$

$$conv_t^{(i)} = \begin{cases} 1 & \left(CET1_t^{(i)} \leq K_c\right) \\ 0 & \left(CET1_t^{(i)} > K_c\right) \end{cases}, \tag{16}$$

ただし，$CET1_t^{(i)} =$

$$\frac{A_t^{(i)} - D_t^{(i)} - sd\left(SD_{t+1}^{(i)} + r^{SD}\right) DF_{t,t+1}^{SD(i)} - cc\left(C_{t+1}^{(i)} + r_{CC}\right) DF_{t,t+1}^{CC(i)}}{RWA_t}$$

$CET1_t^{(i)}$ は $t$ 時点の CET1 比率を表す．転換・デフォルトがない場合の CC・劣後債価格は 1 時点先の価値と金利分を割り引いて算出する．

**4. $T-1$ 時点から 1 時点まで順に $t$ 時点 $(t = 1, ..., T-1)$ の価格を算出する**

16)　$n_0 + cc/(\alpha S_0)$ 株は転換後の発行済み株式数を表す．
17)　実際に計算を行うときには CC，劣後債の価格を 1 とした場合の $S_0$ を初期値とした．

$$SD_t^{(i)} = \begin{cases} (SD_{t+1}^{(i)} + r^{SD}) \times DF_{t,t+1}^{SD(i)} & (def_t^{(i)} = 0) \\ \frac{A_t^{(i)} - D_t^{(i)}}{sd} & (def_t^{(i)} = 1) \end{cases} \tag{17}$$

$$C_t^{(i)} = \begin{cases} (C_{t+1}^{(i)} + r^{CC}) \times DF_{t,t+1}^{CC(i)} & (conv_t^{(i)} = 0) \\ \frac{A_t^{(i)} - D_t^{(i)} - SD_t^{(i)}}{n_0 + \frac{cc}{\alpha S_0}} \times \frac{1}{\alpha S_0} & (conv_t^{(i)} = 1 \text{ and } def_t^{(i)} = 0) \\ 0 & (conv_t^{(i)} = 1 \text{ and } def_t^{(i)} = 1) \end{cases} \tag{18}$$

転換・デフォルトが発生しない場合は，1 期先の価値を割り戻して，$t$ 時点の価値を算出する．

**5. 1 時点から $T$ 時点に向けて転換・デフォルトパスの修正を行う**

1 度デフォルトや転換が起きたパスに関しては，それ以降の時点の価値計算の際にも，前時点で発生した転換やデフォルトを考慮することが必要であるため，バックワードに価値を計算していくだけでは不十分である．そこで，1 度デフォルトや転換が起きたパスを 1 時点から $T$ 時点に向けてフォワードに修正を行う．

具体的な手順は以下の通りである．$t-1$ 時点で転換・デフォルトが発生した場合には，その後の自己資本の状態に関わらず，(19), (20) 式に従って，$t$ 時点の転換・デフォルトフラグをそれぞれ 1 にする．

$$def_t^{(i)} = 1 \quad : (def_{t-1}^{(i)} = 1, \quad t = 2, ..., T) \tag{19}$$

$$conv_t^{(i)} = 1 \quad : (conv_{t-1}^{(i)} = 1, \quad t = 2, ..., T) \tag{20}$$

フラグを変更したパスに関しては (13), (14), (17), (18) 式に従って価値を再計算する．例えば，転換フラグが修正されたパス $j$ の CC 価値 $C_t^{(j)}$ は (18) 式によって再計算されるものの，$t-1$ 時点の CC 価値 $C_{t-1}^{(j)}$ は既に $conv_t^{(j)} = 1$ であるために，1 時点先の CC 価値 $C_t^{(j)}$ の関数にはなっていない．そのため，修正が行われたパスから再びバックワードに再計算を行う必要はない．デフォルトパスに関しても同様である．

**6. 初期時点の劣後債価格，CC 価格，株価を算出する**

初期時点の劣後債価格 $SD_0$，CC 価格 $C_0$ は 1 時点の価格をパスごとに割り引いた値の平均をとって算出する．株価は (21) 式で算出される．

$$S_0 = \frac{A_0 - D_0 - SD_0 - C_0}{n_0} \tag{21}$$

この株価 $S_0$ を用いて，上記 2〜6 のプロセスで反復計算を行い最終的な劣後債価値，CC 価値，株価を決定する．

**c. リスクアセットの計測方法**

CC のトリガーとして CET1 比率を用いているため，リスクアセット $RWA$ の計測が必要である．リスクアセットの計測手法も三國・枇々木 (2014) を参考に算出する．バーゼル III では，海外に営業拠点を持つ銀行向けのリスクアセットは信用リスクアセット $CRA_t$，市場リスク相当額 $MRA_t$，オペレーショナルリスク相当額 $ORA_t$ を用いて (22) 式で算出される．

$$RWA_t = CRA_t + (MRA_t + ORA_t) \times 12.5 \tag{22}$$

本研究では，簡単のため，リスクアセットは時点間には依存させるものの，パスには依存させずに推計する．各種リスクの計測方法についてそれぞれ説明を行う．

**(i) 信用リスクアセット** 本研究では，信用リスクアセットの計測では銀行勘定が対象であり，貸出金を対象とする．信用リスクアセットは対象資産のエクスポージャーにリスクウェイトを掛けることで計測されるが，銀行の内部格付によってウェイトを決定する内部格付手法を採用する．$t$ 時点の信用リスクアセット $CRA_t$ は種別 $j$ の貸出金 $FL^{(i)}_{t,j}$ とリスクウェイト [18] $w^{(i)}_{t,j}$ を用いて，(23) 式で算出される．

---

18) リスクウェイト $w^{(i)}_{t,j}$ はデフォルト時損失 $LGD_j$，デフォルト率 $PD^{(i)}_{t,j}$，実行満期 $M_j$，相関係数 $R^{(i)}_{t,j}$，デフォルト率調整係数 $b^{(i)}_{t,j}$ を用いて以下の式で計算される．

$$w_{t,j} = LGD_j \times \left[ \Phi\left( \frac{\Phi^{-1}\left(PD^{(i)}_{t,j}\right) + \sqrt{R^{(i)}_{t,j}}\,\Phi^{-1}(0.999)}{\sqrt{1-R^{(i)}_{t,j}}} \right) - PD^{(i)}_{t,j} \right] \times \frac{1 + (M_j - 2.5)b^{(i)}_{t,j}}{1 - 1.5b^{(i)}_{t,j}}$$

$$R^{(i)}_{t,j} = 0.12 \times \left[ \frac{1 - e^{-50PD^{(i)}_{t,j}}}{1 - e^{-50}} \right] + 0.24 \times \left[ 1 - \frac{1 - e^{-50PD^{(i)}_{t,j}}}{1 - e^{-50}} \right]$$

$$b^{(i)}_{t,j} = \left(0.11852 - 0.05478 \ln PD^{(i)}_{t,j}\right)^2$$

デフォルト時損失は貸出種別に応じたパラメータ，デフォルト率は格付に応じたパラメータである．

$$CRA_t = \frac{1}{I}\sum_{i=1}^{I}\sum_{j=1}^{J} 12.5 \times w_{t,j}^{(i)} \times FL_{t,j}^{(i)} \tag{23}$$

**(ii)　市場リスク相当額**　　市場リスクアセットはトレーディング勘定である国債と社債を対象として，計測する．市場リスクは内部モデル手法での計測方法を用いて，10 日間の価格変動を片側 99%VaR によって算出を行う．本研究ではリスクファクターの変動を 1 か月ごとにシミュレーションしているため，10 日の価値変動は 1 か月の変動の 1/3 として算出する．

**(iii)　オペレーショナルリスク相当額**　　オペレーショナルリスクはリスク計量モデルを用いた先進的手法を採用し，1 年間の保有期間と 99.9% VaR によって算出する．本研究では 2.1 項のモデルから得られた $t$ 時点から半年間の損失分布から得られる 99.9% VaR 額 $OpVaR_t(99.9\%)$ を用いて 2 期間分を合算した損失額を $t$ 時点のオペレーショナルリスク相当額として (24) 式のように算出する．

$$ORA_t = OpVaR_{t-1}(99.9\%) + OpVaR_t(99.9\%) \tag{24}$$

# 3　数　値　分　析

## 3.1　モ デ ル 設 定

本研究では，シミュレーション期間を 10 年，B/S の変動を認識する 1 期間を 6 か月として，モンテカルロ・シミュレーションを行う．また，リスクファクターの変動は 1 か月ごとにシミュレーションを行う．数値分析の結果，得られた銀行の収益分布は大きく歪んだ左裾の厚い分布をしている．本研究ではこの点を考慮できる下方リスク尺度として，CVaR(条件付バリューアットリスク) を用いる[19)]．CVaR の信頼水準は 99%，シミュレーションパスは 10000 本とする．

19)　よく使われる下方リスク尺度として VaR(バリューアットリスク) があるが，VaR では信頼水準以上の損失が考慮されず，テイル部分の捕捉が不十分となる可能性があるため，CVaR を用いる．

### a. 銀行 B/S とその各種項目および適用金利の設定

シミュレーションで用いる銀行の B/S や各種項目は，国債・社債の保有方法の一部と劣後債と CC を除き，全て岩熊・枇々木 (2015) と同じように設定する[20)]．具体的には 2014 年 9 月末時点の全国銀行データ (日本銀行) と 2013 年度のメガバンク 3 行の有価証券報告書をもとにして，一般的な国内銀行を想定した B/S を表 4-1 のように設定する．国債は 5 年物・10 年物，社債は 3 年物，企業向け貸出は短期貸出 (6 か月)，長期貸出 (5 年)，住宅ローンは 10 年満期とする．短期貸出以外の初期時点の保有資産は全て，満期までの残存期間を半年ごとに均等に振り分け，様々な残存期間の資産を保有していることを想定する．社債・企業向け貸出金は初期時点の格付によって高格付企業群 (格付 A) と低格付企業群 (格付 BB) を想定し，住宅ローンは企業の格付 A 相当の信用力で期間中に変動しないものと仮定する．

定期預金は 6 か月満期と 1 年満期を想定し，流動性預金を含めた預金はコア預金に関する性質の違いから法人と個人の 2 属性を考慮する．企業向け貸出金は固定・変動金利の両方を扱うが，住宅ローンや定期預金は固定金利とする．定期預金の 6 か月物と 1 年物の振り分け比率は 6 か月物を 30%，1 年物を 70%，貸出金の業種群への振り分けは 50%ずつとする．

満期が到来した貸出・預金のロールオーバー率は 100%と仮定する．国債，社債に関しても各期で満期が到来した元本と同額の新規国債・社債を購入し，B/S 内の資産構成を維持する．また，利息収入等のキャッシュフローは無リスク金利で運用を行う．

次に，各種資産・負債に適用される金利は以下のように設定する．

- 国債：市場金利
- 社債：国債金利+信用スプレッド
- 短期貸出：短プラ+信用スプレッド
- 長期貸出：新長プラ+信用スプレッド
- 住宅ローン：新長プラ+信用スプレッド

住宅ローンの期限前償還率 (CPR) の長期的水準を 6% と設定する．

---

20) 岩熊・枇々木 (2015) の「その他負債」項目が劣後債と CC に相当するように変更されている．

**表 4-1**　銀行の B/S 設定 (単位：兆円)

| 資産の部 | | 負債の部 | |
|---|---|---|---|
| 国債 10 年 | 26.36 | 定期預金 6 か月 法人 | 15.00 |
| 国債 5 年 | 105.44 | 定期預金 6 か月 個人 | 58.11 |
| 社債 3 年 高格付 | 15.63 | 定期預金 1 年 法人 | 35.00 |
| 社債 3 年 低格付 | 15.63 | 定期預金 1 年 個人 | 136.58 |
| 固定貸出 6 か月 高格付 | 61.57 | 普通預金 法人 | 90.79 |
| 固定貸出 6 か月 低格付 | 61.57 | 普通預金 個人 | 216.96 |
| 固定貸出 5 年 高格付 | 20.25 | 劣後債 | 63.50 |
| 固定貸出 5 年 低格付 | 20.25 | CC | 20.00 |
| 変動貸出 5 年 高格付 | 96.00 | | |
| 変動貸出 5 年 低格付 | 96.00 | 純資産の部 | |
| 固定住宅ローン 10 年 | 85.15 | | |
| 現金 | 74.01 | 自己資本 | 42.92 |
| 合計 | 677.86 | 合計 | 677.86 |

※岩熊・枇々木 (2015) の「その他負債」項目を劣後債と CC に変更

### b.　信用リスクに関連するパラメータの設定

格付推移行列，信用スプレッド，デフォルト率も岩熊・枇々木 (2015) と同じ設定値を用いる．表 4-2 に年間の格付推移行列，表 4-3 に金利に上乗せされる信用スプレッドと信用リスクプレミアム，デフォルト確率を示す．格付推移行列とデフォルト確率は格付投資情報センター (以下 R&I ) (2014) により 2014 年 6 月に公表されている平均格付推移行列 (単年，1978 年コホート〜2013 年コホート)，信用スプレッドは QUICK の情報端末から取得できる 2014 年 9 月末のパーレート国債と社債の格付スプレッドをもとに決定されている．

信用スプレッドは変動金利貸出でも貸出時点の格付に応じた信用スプレッドで満期まで固定されると仮定する．ロールオーバー時には新規貸出と同様その時点の格付，市場金利に応じて貸出金利が設定される．

**表 4-2**　格付推移行列の設定

| | AAA | AA | A | BBB | BB | B | CCC | サンプル数 |
|---|---|---|---|---|---|---|---|---|
| AAA | 91.0% | 9.0% | | | | | | 764 |
| AA | 0.8% | 93.9% | 5.2% | 0.1% | | | | 3,228 |
| A | | 1.8% | 94.3% | 3.7% | 0.1% | | 0.1% | 7,503 |
| BBB | | | 3.8% | 93.4% | 2.7% | | 0.1% | 7,274 |
| BB | | | 0.3% | 7.9% | 86.6% | 2.6% | 2.6% | 798 |
| B | | | | 0.8% | 9.9% | 77.0% | 12.3% | 131 |
| CCC | | | | | | 4.5% | 95.5% | 44 |

※ 岩熊・枇々木 (2015) 表 6 を転載

表 4-3 信用スプレッド・リスクプレミアム・デフォルト率の設定

| 格付 | 信用スプレッド | | | リスクプレミアム | | | デフォルト率 |
|---|---|---|---|---|---|---|---|
| | 6 か月 | 3 年 | 5 年 | 6 か月 | 3 年 | 5 年 | |
| AAA | 0.00% | 0.00% | 0.00% | 0.00% | 0.00% | 0.00% | 0% |
| AA | 0.14% | 0.20% | 0.28% | 0.14% | 0.20% | 0.28% | 0% |
| A | 0.20% | 0.28% | 0.38% | 0.20% | 0.28% | 0.38% | 0.1% |
| BBB | 0.57% | 0.70% | 0.90% | 0.57% | 0.70% | 0.90% | 0.1% |
| BB | 1.00% | 1.50% | 2.00% | 0.97% | 1.49% | 1.94% | 2.5% |
| B | 3.00% | 4.00% | 5.00% | 2.65% | 3.52% | 4.40% | 11.5% |
| CCC | 6.00% | 8.00% | 10.00% | 5.09% | 6.77% | 8.46% | 15.0% |

※ 岩熊・枇々木 (2015) 表 7 を転載し，リスクプレミアムを追加

#### c. オペレーショナルリスクモデルのパラメータ

ポアソン分布 (頻度分布) および一般化パレート分布 (損失額分布) のパラメータを表 4-4 に示す．三國・枇々木 (2014) と同じパラメータを使用する．その他のパラメータとして 1 期間ごとの営業コストを 3 兆円と想定する．

表 4-4 オペレーショナルリスクモデルの設定パラメータ

| 頻度分布 | 損失額分布 | | |
|---|---|---|---|
| 期待値 $\lambda$ | 閾値 $u$ | 尺度 $\beta$ | 形状 $\xi$ |
| 22.94 | 1000(万円) | 1145(万円) | 0.973 |

#### d. 劣後債・CC の割引スプレッド

本研究では標準的な銀行を想定しており，その劣後債の格付を A とする．CC に用いるスプレッドは Fitch Rating (2014) を参考に設定する．Fitch Rating (2014) では全 19 ノッチの格付の中で，劣後債から gone concern の CC は 1〜2 ノッチ，going concern の CC は 2〜5 ノッチ下げた格付を使用していることから，本研究のノッチ数 (7 ノッチ) を考慮して，劣後債より 1 ノッチ低い BBB を CC の格付とする．これらの割引スプレッドは期間中の B/S 変動で変化しないと仮定する．また，CC の格付等はトリガー水準に合わせて変更する必要があると考えられるが，ここでは簡単のため全ての CC で同じ格付を使用する．

### 3.2 各種パラメータの推定値

数値分析で利用する，市場金利モデル (Nelson-Siegel モデル)，コピュラ，金利追随率，預かり・貸出資産モデル，固定性預金比モデルに対するパラメータ

は，岩熊・枇々木 (2015) によって推定された値をそのまま利用する 21)．これらは 2004 年 10 月から 2014 年 9 月の 10 年間の月次データを用いて推定されている．

**a.　市場金利モデルのパラメータ**

岩熊・枇々木 (2015) は LIBOR 6 か月物，スワップレートの 1 年, 1.5 年, 2〜10 年 (1 年刻み), 12 年, 15 年, 20 年の金利データを用いて Nelson-Siegel モデルのパラメータ ((1) 式の $\beta_{k,t}(k=1,2,3)$) を推定している．そして，ラグが大きくなるほど自己相関係数は小さくなっていること，ラグ 1 で偏自己相関係数が最も高くなることが確認できることから，$\beta$ の将来変動を (25) 式のように AR(1) モデルで表現した．

$$\beta_{k,t} = c_k + \varphi_k \beta_{k,t-1} + \epsilon_{k,t} \tag{25}$$

$\beta_{k,t}$ の推移から推定した AR(1) パラメータは表 4-5 の通りである．表 4-5 の $c_k, \varphi_k$ は AR(1) モデルのパラメータ，$\sigma_\epsilon$ は誤差項 $\epsilon_{k,t}$ の標準偏差を示している．

**表 4-5**　AR(1) モデルのパラメータの推定値

| | $c_k$ | $\varphi_k$ | $\sigma_\epsilon$ | $R^2$ |
|---|---|---|---|---|
| $\beta_1$ | 0.069 | 0.960 | 0.121 | 0.911 |
| $\beta_2$ | −0.062 | 0.946 | 0.167 | 0.893 |
| $\beta_3$ | −0.238 | 0.918 | 0.329 | 0.871 |

※ 岩熊・枇々木 (2015) 表 8 を転載

この AR(1) モデルによって $\beta_k(k=1,2,3)$ の将来のシミュレーションパスを生成し，(1) 式によって各時点で任意の年限の市場金利を算出する 22)．

**b.　コピュラパラメータ**

金利期間構造を表現する Nelson-Siegel モデルの各ファクターと Credit Metrics$^{\mathrm{TM}}$ モデルで格付変動を表現するファクターである株価収益率の依存

21)　詳細な説明は，岩熊・枇々木 (2015) の 4.2 節を参照されたい．

22)　市場金利や預金金利は金利水準が低く，負の金利が発生する可能性が高いため，パラメータ推定に用いるヒストリカルデータにおける最小の金利を，将来シミュレーションパスの下限値として設定している．マイナス金利下の市場環境においてパラメータを推定する場合には，負の金利が発生することを許容するが，これも今後の課題である．

構造をコピュラによって記述している．岩熊・枇々木 (2015) は簡単のため，企業の大きさが格付と対応すると仮定し，Russell/Nomura 日本株インデックスデータ (野村證券金融工学研究センター) の Large 指数を高格付の企業群，Small 指数を低格付の企業群と想定して，推定した正規コピュラのパラメータを表 4-6 に示す．

**表 4-6　正規コピュラのパラメータ Σ の推定値**

| | 水準 $\beta_1$ | 傾き $\beta_2$ | 曲率 $\beta_3$ | 株価 (大型) | 株価 (小型) |
|---|---|---|---|---|---|
| 水準 $\beta_1$ | 1 | | | | |
| 傾き $\beta_2$ | −0.86 | 1 | | | |
| 曲率 $\beta_3$ | −0.24 | −0.07 | 1 | | |
| 株価 (大型) | 0.43 | −0.45 | −0.03 | 1 | |
| 株価 (小型) | 0.30 | −0.34 | −0.02 | 0.91 | 1 |

※ 岩熊・枇々木 (2015) 表 9 を転載

### c.　金利追随率

日本銀行のデータ (日本銀行, 時系列統計データ検索サイト) を用いて，(5) 式に対して回帰分析を行い，推定した市場金利に対する各種の適用金利 (普通預金金利・定期預金金利・短期プライムレート) の追随率を表 4-7 に示す．

**表 4-7　金利追随率の推定値**

| 金利 | 参照年限 | 切片 $a$ | 追随率 $b$ | 標準偏差 $\sigma_e$ | $R^2$ |
|---|---|---|---|---|---|
| 短プラ | 6 か月 | 1.365% | 0.716 | 0.063% | 0.855 |
| 定期 6 か月 | 6 か月 | −0.012% | 0.445 | 0.027% | 0.924 |
| 定期 1 年 | 1 年 | −0.012% | 0.589 | 0.043% | 0.895 |
| 普通預金 | 6 か月 | −0.017% | 0.306 | 0.023% | 0.891 |

※ 岩熊・枇々木 (2015) 表 10 を転載

シミュレーションではこれらの回帰パラメータは時間に依存せず一定であると仮定し，市場金利への追随率には誤差項を考慮する．また，長期プライムレートの短期プライムレートに対する上乗せ分は過去 10 年のデータから 0.3% とする．

### d.　預かり・貸出資産モデル，固定性預金比モデルのパラメータ

日本銀行から得られる法人・個人それぞれ国内銀行の定期預金・普通預金残高データ，法人個人合計の国内銀行の貸出金残高データ (日本銀行, 時系列統計

データ検索サイト) の値を季節調整して推定した預かり・貸出資産モデルのパラメータを表 4-8 に示す．預かり資産は法人・個人それぞれモデル化し，貸出金は法人・個人の預金合計の変動率との相関を考慮している．

表 4-8　預かり・貸出資産モデルのパラメータ推定値

| | 法人預金 | 個人預金 | 貸出合計 |
|---|---|---|---|
| ドリフト $\mu$ | $1.68 \times 10^{-3}$ | $2.20 \times 10^{-3}$ | $9.87 \times 10^{-4}$ |
| ボラティリティ $\sigma$ | $1.16 \times 10^{-2}$ | $1.67 \times 10^{-3}$ | $3.30 \times 10^{-3}$ |
| | 預金合計と貸出合計の相関係数 | | 0.56 |

※ 岩熊・枇々木 (2015) 表 11 を転載

上武・枇々木モデルの (4) 式 (固定性預金比モデル) のパラメータ $\alpha_1$〜$\alpha_4$ の推定値を表 4-9 に示す．法人，個人ともに $\alpha_3$ の値が負であるため，ある月数

表 4-9　上武・枇々木モデルのパラメータ推定値

| パラメータ | 法人 | 個人 |
|---|---|---|
| $\alpha_1$ | $1.90 \times 10^{-3}$ *** | $3.75 \times 10^{-3}$ *** |
| $\alpha_2$ | $-1.34 \times 10^{-3}$ *** | $-2.37 \times 10^{-3}$ *** |
| $\alpha_3$ | $-2.18 \times 10^{-2}$ * | $-1.17 \times 10^{-1}$ *** |
| $\alpha_4$ | $4.05 \times 10^{-1}$ *** | $3.78 \times 10^{-1}$ *** |

*…5%有意，**…1%有意，***…0.1%有意

※ 岩熊・枇々木 (2015) 表 12 を転載

が経過するまでは金利上昇に対して固定性預金比が伸びずに，普通預金の残高が増加しやすく，比較的長い実質的満期が測定される．$\alpha_2$ の値も法人，個人ともに負であるため明確な預金者の投資行動の転換点は見られない．

### 3.3　数値分析の概要

本研究では，以下の数値分析を行う．

- 分析 (1) 基本分析
  基本パラメータを用いて，CC の発行が銀行にどのような影響を与えるのかを分析する．
- 分析 (2) 発行量に関する分析
  CC の発行量に応じて，銀行への影響がどのように変化するか分析する．

- 分析 (3) トリガー水準に関する分析
  CC のトリガー水準の違いによって銀行への影響がどのように変化するか分析する.
- 分析 (4) 銀行の収益環境に関する分析
  将来の預金額と貸出額が減少した場合について，CC の発行が銀行にもたらす影響について調べる.

### 3.4 分析 (1) 基本分析

本節では推定したパラメータを用いて，CC の発行が銀行に与える影響について分析する．劣後債と CC の満期はシミュレーション期間と同様の 10 年を満期とする．基本ケースの転換トリガーは CC がその他 Tier1 資本に見なされる最低水準である CET1 比率 5.125%に設定する．また，CC を発行しないケースや発行量を変化させる場合，劣後債と CC の保有量の合計が一定となるように劣後債の発行量を調整する.

これらの条件で，10 年間のシミュレーション結果を表 4-10 に示す．完全導入後のバーゼル Ⅲ において，銀行は自己資本比率の最低水準として CET1 比率 4.5%，資本保全バッファーを含めると CET1 比率 7% の水準を越えることが義務付けられている．そのため破綻確率に加えて，満期時にこの水準を下回る確率を推計する．本研究では，CET1 比率が 4.5%，7% を下回る確率を自己資本の毀損確率と呼ぶことにする.

表 4-10 基本分析

| | | 劣後債のみ | CC 発行 |
|---|---|---|---|
| CC 金利 | | | 0.933% |
| 劣後債金利 | | 0.810% | 0.809% |
| 転換確率 | | | 0.59% |
| 破綻確率 | | 0.12% | 0.00% |
| CET1 比率 4.5%以下 | | 0.43% | 0.11% |
| CET1 比率 7 %以下 | | 1.10% | 0.44% |
| 累積収益 (兆円) | 平均 | 23.52 | 23.39 |
| | 99%CVaR | 56.05 | 45.81 |
| | 歪度 | −1.02 | −0.92 |

表 4-10 からは以下のことが確認できる．10 年間の間に，0.59%の確率 (59 本

のシナリオ) で CC の転換が行われた．10 年間のシミュレーション期間において，CC を発行していない劣後債のみでは，0.12%の確率で破綻する可能性があるが，CC の発行によって破綻の発生確率がゼロになっていることやリスクを削減できていることが確認できる．また，収益分布の歪度を確認すると，テイルリスクが大きく，左裾が大きい銀行収益分布の形状がある程度改善していることも合わせて確認できる．この結果，CC は銀行のテイルリスクや破綻の可能性を削減するという基本的な機能を十分に果たす可能性が高いと考えられる．

次に，CC の転換後における銀行の状況についてより詳細に見ていく．CC の転換ケースでは収益環境の悪化等を伴っているケースが多いと考えられる．そこで，転換パスの転換後の半期の平均収益と全体の半期平均収益を表 4-11 に示す．

**表 4-11**　転換パスの半期平均収益

| | 転換パス | 全体 |
|---|---|---|
| 半期平均収益 (兆円) | −1.35 | 1.17 |

転換が発生したケースでは，転換後も貸出資産の格付悪化等を要因に，しばらくの間収益を上げることができない可能性が高い．すなわち，CC は経営悪化時の自己資本を大きく回復させるものの，悪化した収益力の回復は期待できない．自己資本の自立的な回復には銀行自身の収益力の回復が必要であり，その期間の損失も考慮した損失吸収力の大きさを確保すべきである．

### 3.5　分析 (2) 発行量に関する分析

転換が生じるケースでは銀行そのものの収益力が落ち込んでいるため，自己資本の自立的な回復は通常時よりも困難であることが基本分析で確認された．CC の転換による自己資本の回復度は CC の商品性の他に，発行量が直接的に大きな影響を与える．そこで本節では，劣後債と CC の保有量の合計額を一定にしながら，CC の比率を変動させた場合の影響を調べる．

図 4-3 の左図に発行量と CC・劣後債の金利や CC の転換確率の関係を示し，右図に発行量と金利コストや破綻確率，自己資本の毀損確率の関係を示す．ここで，金利コストとは劣後債と CC の満期までの実際に支払う利息の現在価値

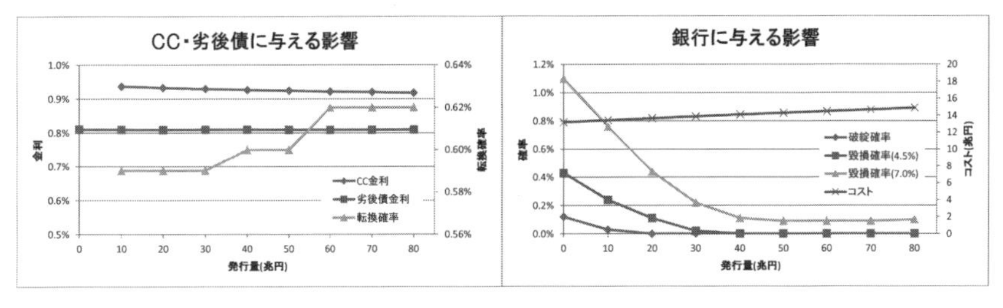


図 4-3 CC の発行量が CC や劣後債，銀行に与える影響

を指す．左図は主に CC の発行量が CC や劣後債に与える影響を示し，右図は銀行に与える影響を示している．左図からは次のようなことが読み取れる．CC の発行額を増やすほど，単位当たりの CC の損失吸収割合が少なくなるため，CC の金利は低下する．また，劣後債の金利も CC の発行量が多いほど元本が毀損する確率は低下するが，元々破綻確率が非常に小さいため，その影響はわずかである．ただし，CC の発行量の増加は負債の金利コストを上昇させるため，転換確率を上昇させている．

右図を見ると，発行量が増加することで損失吸収力が直接的に増加するため，破綻確率や自己資本の毀損確率は大幅に下落することがわかる．しかし，発行量を増加させると金利コスト負担が大きくなるため，比較的健全性が確保されている CET1 比率の 7%を自己資本比率が下回る確率はある時点から下がらなくなる．自己資本比率の水準を目標通りに維持することとのトレードオフで発行量を決めていくことが重要である．

## 3.6 分析 (3) トリガー水準に関する分析

トリガー水準の違いが銀行に与える影響について分析する．トリガー水準は，CET1 比率 0%から 12%までを 1%刻みで変更した場合に CC や劣後債，銀行に与える影響を図 4-4 に示す [23]．

左図を見ると，トリガー水準の上昇に伴って，転換確率と CC の金利が上昇している．CC の転換は劣後債の保有者が損失を被る前に生じているため，劣後債金利は CC のトリガー水準にはほとんど影響を受けない．また，CET1 比

23) トリガー水準が 0%の CC はデフォルトより先に転換が生じると仮定する．

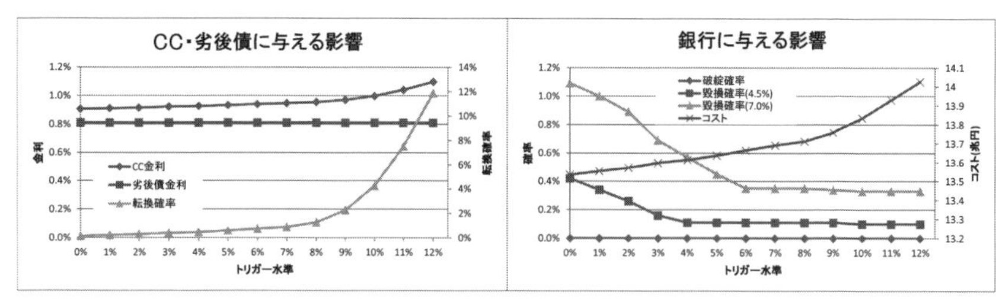


図 4-4　トリガー水準が CC や劣後債，銀行に与える影響

率が 4.5%，7%を下回る確率は，その水準以上にトリガー水準を上げてもほとんど影響がないので，トリガー水準は最低限銀行が守るべき目標水準 (規制水準等) を上限として設定すべきである．一方，その時点で目標水準を下回る確率が大きい場合，トリガー水準の設定だけではこの問題は解決できず，発行量を増やす等の他の手段を使う必要がある．

## 3.7　分析 (4) 銀行の収益環境に関する分析

本研究では具体的に銀行が収益を得る構造を扱っているために，収益環境の変動の影響を分析することができる．銀行においては預金を集め，貸出を行うことが最も中心的な業務になるが，銀行は思い通りに預金や貸出の新規流入が起きないリスクを抱えている．そこで，計画期間での銀行の新規預金・貸出獲得量を変化させた以下の 3 シナリオの影響を分析する．

- シナリオ 1：ヒストリカルデータから推計したドリフトをそのまま利用 (基本シナリオ)
- シナリオ 2：預金・貸出流入のドリフトを共にゼロにする
- シナリオ 3：預金・貸出のヒストリカルデータから推計したドリフトの符号を反転させる

基本的にはシナリオ 1 から 3 になるにつれて，銀行にとって収益の獲得しにくいシナリオとなる．CC を 20 兆円発行した場合と劣後債のみを発行する場合における，銀行のシナリオごとの平均累積収益を表 4-12 に示す．

一般的に預金はコストの低い調達であり，貸出は銀行の安定的で大きな収益源である．そのため，預金・貸出が減少することは銀行の収益に大きな影響を与えている．

**表 4-12** 各シナリオの平均累積収益 (兆円)

| | シナリオ 1 | シナリオ 2 | シナリオ 3 |
|---|---|---|---|
| CC 発行 | 23.39 | 15.80 | 9.23 |
| 劣後債のみ | 23.52 | 15.92 | 9.35 |

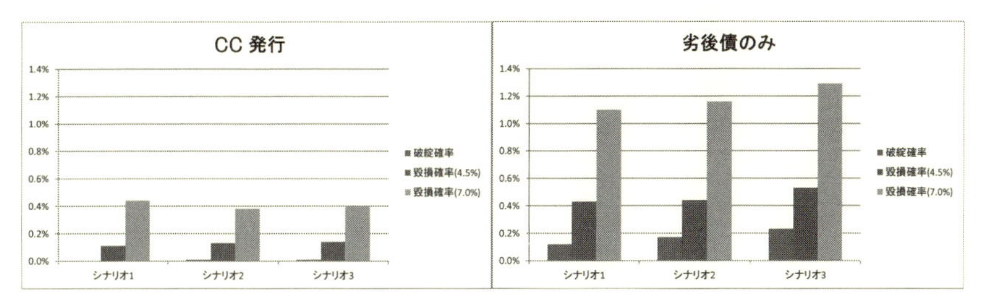


**図 4-5** 異なる収益環境の下での CC の発行が銀行に与える影響

図 4-5 にこれら 3 シナリオの収益環境の変化における CC の発行が銀行に与える影響を示す.

CC を発行することによって, 全てのケースにおいて, 銀行の破綻や自己資本の大幅な毀損確率を低減できることが確認された. CC の発行はテイルリスク削減の視点から, 発行後の収益環境の変化の影響を減少させ, 安定的な銀行経営を生み出しているといえる. すなわち, CC は有事の際に有効な資本として効率的に機能しており, その適切な利用は過度に自己資本比率を積み増す等の非効率な経営を避ける効果を持つことが示唆される.

## 4 結論と今後の課題

本研究では, 銀行の経営悪化時の損失吸収力を高めるために導入が進みつつある CC について, 包括的な銀行モデルを構築し, モンテカルロ・シミュレーションによる様々な感度分析を通して, その有効性や特性を示した. CC は銀行の他の資産・負債・株式との複雑な相互依存構造を持つため, 銀行全体を詳細にモデル化することは困難であり, 先行研究では CC を含めた銀行の収益構造のモデル化が十分に行われていなかった. しかし, CC が銀行のリスク管理へ与える影響を分析するためには, 銀行の収益構造のモデル化は重要である. そこで, 本研究では中長期的なリスク管理への利用を前提として, 銀行勘定を中心とする銀行のB/Sを具体的にモデル化し，金利リスクや信用リスク等の様々なリスクファクターがB/Sに与える影響を長期的にシミュレーションするモデルを構築した．銀行の収益構造に重点を置いたシミュレーションモデルの構築と，このモデルを用いた分析によって，これまで十分に分析できていなかったCCの発行による銀行への影響を明らかにしたことが本研究の主な貢献である．分析の結果，CCは預貸金が思うようにコントロールできないような銀行にとって厳しい状態も含めた様々な状況のもとでテイルリスクの削減に大きく貢献し，本来の目的である損失吸収力の向上や銀行の長期的な経営の安定化につながることを示した．しかし，必要以上にトリガー水準を高く設定しても，銀行の破綻確率や自己資本の毀損確率は低下せず，それ以上の損失吸収力の向上のためにはCCの発行量が大きな影響を持つことがわかった．

今後の課題としては，CCのプライシングモデルの高度化やCCを含めたリスク管理の最適化等があげられる．本研究では，銀行の収益構造の具体的なシミュレーションを行うことを優先しているため，プライシングに重点を置いている研究よりは簡便なプライシング手法を用いて，様々な条件でCCが銀行のリスク管理に与える影響を分析した．また，CCを含めた場合の銀行の最適資産配分問題や，銀行の状況に合わせて最も良いCCを選択する等の最適化問題への応用を進めることも，銀行のリスク管理の高度化と経営の効率化の観点から必要であると考えられる．さらに，今回の分析で扱うことができなかった，より複雑な転換条項を持つCCに関して分析を行うことも今後の課題である．

〔参考文献〕


Basel Committee on Banking Supervision (2010), Proposal to ensure the loss absorbency of regulatory capital at the point of non-viability, Consultative Document (http://www.bis.org/publ/bcbs174.pdf)

Basel Committee on Banking Supervision (2011), Basel Ⅲ: A global regulatory framework for more resilient banks and banking systems (http://www.bis.org/publ/bcbs189.pdf)

Berg, T. and Kaserer, C. (2015), “Does contingent capital induce excessive risk-taking?,” *Journal of Financial Intermediation*, **24**, 356-385.

Chen, N., Glasserman, P., Nouri, B. and Pelger, M. (2013), “CoCos, Bail-In, and Tail Risk," Working Paper, Office of Financial Research.

Diebold, F. X. and Li, C. (2006), "Forecasting the Term Structure of Government Bond Yields," *Journal of Econometrics*, **130**, 337-364.

DeSpiegeleer, J. and Schoutens, W. (2012), "Pricing Contingent Convertibles: A Derivatives Approach," *Journal of Derivatives*, **20**(2), 27-36.

Flannery, M. J. (2005), "No Pain, No Gain: Effecting Market Discipline via Reverse Convertibae Debentures," In *Capital Adequacy deyound Basel; Banking, Securities and Insurance*, H. S. Scott, ed. Oxford University Press.

FitchRatings (2014), Assessing and Rating Bank Subordinated and Hybrid Securities Criteria (https://www.fitchratings.co.jp/ja/images/RC_20140131_Assessing%20and%20Rating%20Bank%20Subordinated%20and%20Hybrid%20Securities%20Criteria_EN.pdf)

J.P. Morgan (1997), Credit Metrics$^{TM}$-Technical Document (http://www.macs.hw.ac.uk/~mcneil/F79CR/CMTD1.pdf)

Wilkens, S. and Bethke, N. (2014), "Contingent Convertible (CoCo) Bonds: A First Emprical Assessment of Selected Pricing Models," *Financial Analysts Journal*, **70**(2), 55-77.

岩熊淳太・枇々木規雄 (2015),「銀行勘定の金利リスク管理モデル –修正期間収益アプローチと経済価値アプローチの比較–」, 金融庁金融研究センター「FSA リサーチレビュー」, 第 9 号.

格付投資情報センター (2014),「日本企業のデフォルト率・格付推移行列 (1978 年度〜2013 年度)」(https://www.r-i.co.jp/jpn/body/cfp/topics_data_risk_default-ratios/2014/06/topics_data_risk_default-ratios_20140630_852434171_01.pdf)

鎌田康一郎 (2010),「Contingent Capital に関する一考察」, 日本銀行ワーキングペーパーシリーズ, No.10-J-13.

上武治紀・枇々木規雄 (2011),「銀行の流動性預金残高と満期の推定モデル」, 日本金融・証券計量・工学学会編,『バリュエーション (ジャフィー・ジャーナル「金融工学と市場計量分析」)』, 朝倉書店, 196-223.

金融庁 (2015),「主要行等向けの総合的な監督指針」(http://www.fsa.go.jp/common/law/guide/city.pdf)

菅野泰夫 (2012),「コンティンジェント・キャピタル (CoCos) の課題」, 大和総研 Economic Report.

戸坂凡展・吉羽要直 (2005),「コピュラの金融実務での具体的な活用方法の解説」, 日本銀行金融研究所『金融研究』, 第 24 巻別冊第 2 号, 115-162.

野村證券金融工学研究センター, Russell/Nomura 日本株インデックスデータダウンロードサービス (http://qr.nomura.co.jp/QR/FRCNRI/frnri_download_jn.html)

日本証券業協会 (2006),「PSJ モデルガイドブック」(http://www.jsda.or.jp/shiraberu/syoukenka/psj/files/guide.pdf)

日本銀行, 時系列統計データ検索サイト (http://www.stat-search.boj.or.jp/index.html)

三國　伶・枇々木規雄 (2014),「銀行経営のための統合リスク管理に対する多期間最適化モデル」, 日本オペレーションズ・リサーチ学会 2014 年春季研究発表会アブストラクト集, 34-35.

（岩熊淳太：アセットマネジメント One 株式会社 [24]）

（枇々木規雄：慶應義塾大学理工学部）

24) 本稿の内容は慶應義塾大学大学院理工学研究科に所属していたときに行われた研究成果であり, アセットマネジメント One 株式会社としての見解をいかなる意味でも表さない.

# 5　創業企業の信用リスクモデル

尾木研三・内海裕一・枇々木規雄

**概要**　わが国では，80 年代後半から企業数の減少が続いている．創業を増やすため，政府はさまざまな支援策を打ち出しており，この動きを受けて，銀行も創業企業への融資を積極化している．実績が増えるにつれて，創業企業の信用リスク計測が課題になってきた．中小企業の信用リスク計測には，主に決算書の数値から統計手法を用いて信用リスクを数値化する信用リスクモデルが使われる．ただ，これから創業する企業は決算書がないため，既存のモデルは使用できない．また，創業企業向けのモデルや非財務変数だけでリスク評価するモデルは，われわれの知る限り存在しない．

先行研究をみると，Gonçalves et al. (2014) は，1,430 社のポルトガルの創業企業の 3 年間のパネルデータを使って，デフォルトの決定要因を分析している．鈴木 (2012) は，2,897 社のわが国の創業企業の 5 年間のパネルデータを用いて，廃業要因を分析している．これらの研究は，いずれも要因分析が目的であり，信用リスクモデルの構築や評価は行っていない．また，創業前の非財務変数だけではなく，創業後の財務変数も使用している．そこで，本研究では，日本政策金融公庫国民生活事業本部 (以下，公庫という．) が保有する 34,470 社の創業企業の創業前の非財務変数だけを用いて，創業企業の信用リスクモデルを構築する．説明変数の選択にあたっては，デフォルト要因を「人的要因」「金融要因」「業種要因」の 3 つのカテゴリーに分けてロジット分析する．

分析の結果，人的要因として「創業の計画性」「斯業経験年数」「年齢」などが有意になった．経営に必要な知識や体力が創業者に備わっているかどうかを評価していると考えられる．また，金融要因として，創業者の資産負債状況が有意になった．主に創業者個人の資金調達力を示している可能性がある．最後に，業種要因として，7 つの業種グループのダミー変数が有意になった．デフォルト率の低い 4 つの業種グループは収益率が高いか競争が少ないという特徴がある一方，デフォルト率が高い 3 つの業種グループは，収益率が低いか競争が激しいという特徴があり，業界の経営環境を表していると思われる．分析で有意になった変数を用いてモデルを構築した結果，AR

値は57.1%となり，実務でも利用可能であることが確認できた．

## 1　はじめに

わが国では，80年代後半から廃業企業数が創業企業数を上回るようになり，企業数の減少が続いている．創業を増やすため，創業の意識喚起や経営ノウハウに関するセミナーの開催，融資や保証制度の充実など，政府はさまざまな支援策を講じている．創業支援の機運が高まるなか，金融機関も創業企業に対する融資制度を創設して積極的に融資している．徐々に創業企業向けの融資件数や融資金額が増えるなかで，創業企業の信用リスクの計測が課題となっている．

最初に，本研究の対象とする創業企業の定義を確認する．公庫の新規開業資金は事業開始後おおむね7年以内が対象である．東京商工会議所も創業後5年未満を保証の対象としており，いずれも創業した後の企業を含めている．一方，「中小企業の新たな事業活動の促進に関する法律」では，「「創業者」とは新たに事業を開始する具体的な計画を有するもの」としており，創業した後の企業は含めていない．このように，定義は必ずしも明確ではないが，本研究では，この法律の定義に従い，創業する前の企業を創業企業と定義する．したがって，創業を計画したけれども，何らかの事由によって創業できなかった企業も含まれる．

中小企業の信用リスク計測には，主に決算書の数値から統計手法を用いて数値化する信用リスクモデルが使われる．モデルにはさまざまなタイプがあるが，ロジスティック回帰モデルが普及しており，さまざまな研究が行われている．国内では，AR値[1)]を用いてモデルの有効性を評価する研究(山下・川口・敦賀(2003)，柳澤他(2007)，三浦・山下・江口(2008)，枇々木・尾木・戸城(2011)，尾木・戸城・枇々木(2015))，財務変数に加えて非財務変数として，業歴の有効性を検証した研究(枇々木・尾木・戸城(2010))，マクロファクターの有効性を検証した研究(森平・岡崎(2009)，森平(2009)，枇々木・尾木・戸城(2012))，マートンの1ファクターモデルとの整合性を示した研究(尾木・森平(2013))，

1)　AR値の概要については付録を参照されたい．

EL の推計に関する研究 (尾木・戸城・枇々木 (2016)), 変数選択とデータ量に関する研究 (山下・川口 (2003)) などがある. 国外でも, Ohlson (1980) が行ったロジットモデルを使ったデフォルト確率推定の研究に始まり, Altman and Sabato (2007) の研究など, 数多くの研究がある.

どの先行研究も説明変数として財務変数を使用しているが, 創業する前の企業には決算書がない. 尾木・戸城・枇々木 (2014) は, 財務変数に加えて, 非財務変数として業歴が有効であることを明らかにしたが, 創業前の企業には業歴もない. 以上のように, 業歴のない創業企業を対象に, 非財務変数のみで信用リスクを評価するモデルに関する研究は, 筆者らの知る限り存在しない.

創業した企業のデフォルト要因に関する研究として, Gonçalves et al. (2014) は, 2005 年と 2006 年に創業したポルトガルの企業 1,430 社について, 3 年間の財務変数と非財務変数のパネルデータを用いてデフォルトの決定要因を分析している.

「金融資本」「人的資本」「産業活力」の 3 つのカテゴリーに分けて分析した結果, 金融資本として, 総負債対資本比率, 資産対売上高比率, Ebitda 対負債比率が有意になり, 総負債対資本比率は, 創業者個人の支援が大きな企業ほどデフォルト率が低いことを指摘している. また, 人的資本として, 学歴とマネジメント経験年数が有意になることを示した. 産業活力については, 業界の付加価値額の増加率, 新規参入率 (創業企業数÷既存企業数) などの変数を用いて分析しているが, いずれも非有意であることを述べている.

鈴木 (2012) は, わが国で創業した企業の廃業要因を「起業家要因」「企業・環境要因」「戦略要因」の 3 つの視点からロジット分析している. 公庫が融資した 2006 年に創業した企業 12,190 社に公庫の総合研究所がアンケート調査を行い, 第 1 回 (2006 年 12 月末) のアンケートに回答した 2,897 社を対象に, 2010 年度まで毎年末アンケートを実施してパネル分析している (5 回すべてのアンケートに回答した企業は 783 社である). 存続と廃業は, アンケートの自己申告のほか, 訪問調査と公庫の債権管理情報を使って確認している. 廃業を自発的廃業と非自発的廃業 (リスク管理債権に分類されたもの) に分けて分析しており, 非自発的廃業はデフォルトの定義に近いものとして参考になる. 分析の結果, 非自発的廃業は, 起業家要因として, 斯業経験年数, 開業直前の職業 (非正社員)，経営経験の有無，性別 (女性が有意)，開業目的 (やりがい重視か，収入重視か) が有意になっている．また，企業・環境要因として，開業時の従業者数，業種別廃業率，戦略要因として事業の新規性の高さ (自己評価) が有意になったことなどを示した．

いずれの研究も創業した企業のデフォルト要因や廃業要因について分析しているが，信用リスクモデルの構築と評価は行っていない．さらに，いずれも財務変数を用いて分析しているほか，鈴木 (2012) は，信用リスク評価において重要な要因である金融面での分析が十分とはいえない．そこで，本研究では，公庫が保有する 34,470 社の創業する前の企業の非財務変数だけを用いて，創業企業の信用リスクモデルを構築する．説明変数の選択にあたっては，デフォルト要因を「人的要因」「金融要因」「業種要因」の 3 つのカテゴリーに分けて分析する．本研究と先行研究の違いをまとめると表 5-1 のとおりである．本研究の特徴は，創業する前の企業を対象としている点，それに伴い，非財務変数のみを用いている点，さらに，創業企業を対象にした先行研究に比べてデータ数が多いという点である．

**表 5-1**　本研究と先行研究の相違点

| | | Gonçalves et al. (2014) | 鈴木 (2012) | 尾木ら (2014) | 本研究 |
|---|---|---|---|---|---|
| リスクモデルの構築 | | × | × | ○ | ○ |
| 対象企業 | | 創業した企業 | 創業した企業 | 業歴 1 年以上の企業 | 創業する前の企業 |
| 使用変数 | | 財務・非財務変数 | 財務・非財務変数 | 財務・非財務変数 | 非財務変数 |
| 評価の視点 | 人的要因 | ○ | ○ | ○ | ○ |
| | 金融要因 | ○ | × | ○ | ○ |
| | 業種要因 | ○ | ○ | ○ | ○ |
| データ数 | max | 1,430 | 2,897 | 1,089,362 | 34,470 |
| | min | | 783 | | 1,718 |
| 融資年度 | | 2005–2006 年度 | 2006 年度 | 2004–2011 年度 | 2011–2013 年度 |

本研究の主な結果と貢献は以下のとおりである．

(1) 人的要因として「創業の計画性」「斯業経験年数」「年齢」などが有意になった．事業に必要な知識や体力などが創業者に備わっているかどうかを評価していると考えられる.

(2) 金融要因として，創業者の資産負債状況が有意になった．創業者の資金調達力と計数観念の水準を示していると思われる.

(3) 業種要因として，付加価値率が高いか新規参入率が低い業種グループがプラス，付加価値が低いか新規参入率が高い業種グループはマイナスで有意になった．付加価値の高さと競争環境がデフォルトに影響していると考えられる.

(4) モデルの AR 値は 57.1%となり，実務でも利用可能であることが確認できた.

ただ，これらの分析に対して考察の記述が不十分な点もある．この理由は実務上の都合で説明変数を明示できず，分析結果に対する説明変数の符号条件や係数の大きさに関する議論ができなかったことである [2)]．その一方で，先行研究にはない本研究の貢献を以下にまとめる.

(1) わが国の創業企業向けの融資データを使って信用リスクモデルを構築し，実証分析を含めて評価を行った最初の論文である.

(2) さらに，先行研究は，創業した企業の財務情報も使って分析しているのに対し，本研究は創業する前の企業を対象に非財務変数のみで企業評価を行った最初の論文である.

(3) 先行研究はロジット分析の変数の有意性のみを示しているのに対し，本研究では信用リスクモデルで重要な AR 値による評価を行い，実務でも利用可能な結果が得られた.

(4) 先行研究で用いられたデータ数は限りがあり，結果の安定性に問題がある．それに対し，本研究では最大で 34,470 件のデータを用いており，信頼できる結果が得られている.

本論文の構成は以下のとおりである．第 2 節で分析の概要について述べ，第 3 節では，モデルに有効な説明変数を選択するためのロジット分析の結果とモデルの精度について検証する．第 4 節でまとめと今後の課題を述べる.

---

2) 説明変数を明らかにすることは，信用リスクモデルを融資に利用する場合，学術的には問題なくても実務的には問題を引き起こす可能性がある．説明変数が明らかになれば，スコアが有利になるように申告するなど，偽装や粉飾を誘発する懸念があるからである.

## 2 分析の概要

### 2.1 目的とフレームワーク

本分析の目的は，公庫が2011年度から2013年度の3年間に融資したこれから創業しようとする創業前の企業34,470社の非財務データを使って，創業企業のリスクを計測するための信用リスクモデルを構築し，実務で利用可能かどうかを検証することにある．

信用リスクモデルにはさまざまなタイプがある．なかでもロジスティック回帰モデル (ロジットモデル) は，最も一般的に用いられており，CRD (Credit Risk Database) 協会やRDB(日本リスク・データ・バンク) といった代表的な中小企業向けモデルでも採用されている．ロジットモデルには，複数の格付を直接推定する順序ロジットモデルと，デフォルトの有無を被説明変数としてデフォルト確率を推定する二項ロジットモデルとがある．

公庫は二項ロジットモデルを採用しており，算出されたデフォルト確率を概ね0〜100点までのスコアに変換して使用している．本分析でも同じタイプのモデルを構築する．具体的なモデルの構築方法は2.3項で説明する．

本研究におけるデフォルトの定義は，$t$年度に融資した創業する前の企業のうち，$t$+1年度までに破綻懸念先以下に遷移した企業である．たとえば，2011年度のデフォルト率とは，2011年度に融資した企業のうち，2012年度までにデフォルトした企業の割合である．ここで，分母には$t$年度にデフォルトした企業，つまり，2011年度中にデフォルトした企業も含んでいることに注意してほしい．

モデル構築のポイントは変数選択である．変数次第でモデルの精度が左右され，有効な変数を一つ見つけただけで性能が大きく改善することもある．先行研究を参考に，デフォルトに影響を与える要因を，以下の3つのカテゴリーに分けて分析し，変数候補を抽出する．ヒト，モノ，カネは経営の三要素といわれている．このうち，モノについては，資格や技術などのソフトは創業者の能力に依存するし，店舗や設備などのハードは，創業する前の企業の場合は創業計画書を評価するしかない．したがって，モノの要素は人的要因に含めた．また，創業においては参入する業界の環境が大きく影響する．Gonçalves et al. (2014)，鈴木 (2012) も業種を一つのカテゴリーとして分析しており，業種要因を加えた．パラメータの推定はSAS/STAT®を用いる．

① 人的要因：経営者の資質，業界経験，創業の計画性などを表す変数
② 金融要因：創業者の資産負債状況などを表す変数
③ 業種要因：デフォルト率や企業数，業種の類似性などでまとめた任意の業種グループ

## 2.2 データの概要

### 2.2.1. 使用変数

先行研究を参考に，カテゴリーごとの主な変数を示すと表 5-2 のとおりである．これから創業する企業は決算書がないため，変数はすべて非財務変数である．また，∗印の変数は，データの都合上，加工作業や修正などが別途必要になる変数である．

**表 5-2 主な使用変数**

| カテゴリー | 主な変数 |
|---|---|
| 人的要因 | 斯業経験 (現在の事業に関連する仕事の経験) 年数 ∗<br>創業前勤務先の勤務年数 ∗<br>経営経験年数 ∗<br>FC 加盟の有無 ∗<br>転職回数 ∗<br>教育水準 ∗<br>創業計画の妥当性 ∗<br>創業時の年齢 など |
| 金融要因 | 創業時の現預金額 ∗<br>不動産所有の有無<br>創業前の年収 ∗<br>創業費用 ∗<br>負債額<br>債務の履行状況<br>その他負債状況 など |
| 業種要因 | 業種別デフォルト率<br>創業企業数 など |

### 2.2.2. 使用データ

使用データは表 5-3 のとおりである．公庫が 2011 年度から 2013 年度に融資したすべての創業前の企業 34,470 社のデータベース (DB1) を使用する．ただし，*印の変数については，34,470 社のうち業種と地域に比例して抽出したサンプル企業 1,718 社について，加工・修正作業を行ったデータベース (DB2) を使用する．

表 5-3 使用データ

| | カテゴリー | 融資年度 | デフォルト年度 | サンプル数 |
|---|---|---|---|---|
| DB1 | 業種<br>金融要因 (* 印を除く)<br>人的要因 (* 印を除く) | 2011–2013 | 2012–2014 | 34,470 社 |
| DB2 | 金融要因 (* 印)<br>人的要因 (* 印) | 2011–2012 | 2012–2013 | 1,718 社 |

### 2.2.3. サンプルバイアス

使用データにおいて考えられるサンプルバイアスは以下のとおりである．

① 公庫を利用しなかった創業企業のデータは含まれない．たとえば，銀行やベンチャーキャピタル，自己資金だけで創業した企業が含まれていない．

② 融資審査というフィルターを通しており，創業企業のなかで比較的良質な企業が対象となっている可能性がある．

③ 公庫の営業区域になっていない沖縄県の企業が含まれていない．

また，鈴木 (2012) や尾木ら (2014) の研究も公庫の融資先のデータを用いており，結果が類似する可能性が高いことに注意する必要がある．

## 2.3 分 析 手 順

2.2.2 で示したとおり，変数によって使用できるデータベースが異なる．そこで，表 5-4 のとおり，3 つのモデルを構築する．まず，DB1 を用いて，カテゴリーごとにロジット分析を行う．分析で有意になった変数を使ってモデル 1 を構築する．次に，金融要因と人的要因の*印の変数について，DB2 を使ってロジット分析を行い，モデル 2 を構築する．最後に，モデル 1 とモデル 2 の各ス

表 5-4 構築するモデル

| | 使用 DB | 使用変数 | 目的 |
|---|---|---|---|
| モデル 1 | DB1 | 業種要因<br>金融要因 (* 印を除く)<br>人的要因 (* 印を除く) | カテゴリーごとに，有効な変数を抽出する |
| モデル 2 | DB2 | 金融要因 (* 印)<br>人的要因 (* 印) | * 印について，有効な変数を抽出する |
| モデル 3 | DB2 | モデル 1 のスコア<br>モデル 2 のスコア | 最終モデルの構築 |

コアを変数とするモデル 3(最終モデル) を構築する [3]．

具体的には次のとおりそれぞれのモデルを構築する．

(モデル 1) DB1 が保有する創業企業 $i$ の $J$ 個の人的要因に関する変数 $h_{1,i,j}$ $(i = 1,\cdots,N_1; j = 1,\cdots,J)$，$K$ 個の金融要因に関する変数 $f_{1,i,k}$ $(i = 1,\cdots,N_1; k = 1,\cdots,K)$，$M$ 個の業種要因に関する変数 $g_{i,m}$ $(i = 1,\cdots,N_1; m = 1,\cdots,M)$ を使用して，ロジットモデルを構築し，最尤法によってパラメータ $\beta_{1,j}$ $(j = 1,\cdots,J)$，$\gamma_{1,k}$ $(k = 1,\cdots,K)$，$\delta_m$ $(m = 1,\cdots,M)$ を推定する．ここで，$p_{u,i}$ は $t$ 年に融資した創業企業 $i$ が $t+1$ 年にデフォルトする確率，$u$ はモデル番号，$N_1$ は DB1 の創業企業数を表す．$z_{u,i}$ が大きいほどデフォルト確率は低くなる．

$$
\begin{aligned}
p_{1,i} &= \frac{1}{1+e^{z_{1,i}}}, \\
z_{1,i} &= \ln\left(\frac{1-p_{1,i}}{p_{1,i}}\right) \\
&= \alpha_{1,0} + \sum_{j=1}^{J} \beta_{1,j} h_{1,i,j} + \sum_{k=1}^{K} \gamma_{1,k} f_{1,i,k} + \sum_{m=1}^{M} \delta_m g_{i,m} \qquad (1)
\end{aligned}
$$

(モデル 2) DB2 が保有する創業企業 $i$ の $X$ 個の人的要因に関する変数 $h_{2,i,x}$ $(i = 1,\cdots,N_2; x = 1,\cdots,X)$，$Y$ 個の金融要因に関する変数 $f_{2,i,y}$ $(i = 1,\cdots,N_2; y = 1,\cdots,Y)$，を使用して，ロジットモデルを構築し，最尤法によってパラメータ $\beta_{2,x}(x = 1,\cdots,X)$ $\gamma_{2,y}(y = 1,\cdots,Y)$ を推定する．ここで，$N_2$ は DB2 の創業企業数を表す．

---

3) DB1 と DB2 の変数をすべて投入して推定する方が効率的であるが，DB2 のサンプル企業数は DB1 の約 5%に過ぎず，モデルの精度に与える影響が大きいと判断して別々に推計した．

$$p_{2,i} = \frac{1}{1+e^{z_{2,i}}},$$

$$z_{2,i} = \ln\left(\frac{1-p_{2,i}}{p_{2,i}}\right) = \alpha_{2,0} + \sum_{x=1}^{X} \beta_{2,x} h_{2,i,x} + \sum_{y=1}^{Y} \gamma_{2,y} f_{2,i,y} \quad (2)$$

(モデル 3) モデル 1 で算出した $z_{1,i}$ モデル 2 で算出した $z_{2,i}$ を変数として，DB2 を使ってロジットモデルを構築し，最尤法によってパラメータ $B$，$C$ を推定する．

$$p_{3,i} = \frac{1}{1+e^{z_{3,i}}}, z_{3,i} = \ln\left(\frac{1-p_{3,i}}{p_{3,i}}\right) = A + Bz_{1,i} + Cz_{2,i} \quad (3)$$

それぞれのモデルにおいて推定されたパラメータを用いて計算された $z^*_{u,i}$ から企業 $i$ の信用スコア $CS_{u,i}$ を計算する．

$$CS_{u,i} = \eta_0 + (\eta_1 - \eta_0)\left(\frac{z^*_{u,i} - Z_u(1\%)}{Z_u(99\%) - Z_u(1\%)}\right) \quad (4)$$

ここで，$Z_u(1\%)$，$Z_u(99\%)$ はモデル構築時のインサンプルデータにおける $z^*_{u,i}$ の 1 パーセント点，99 パーセント点を表す．これは信用スコアが $z^*_{u,i} = Z_u(1\%)$ ならば $\eta_0$ 点，$z^*_{u,i} = Z_u(99\%)$ ならば $\eta_1$ 点となるように基準化している．本研究では，$\eta_0 = 10, \eta_1 = 90$ としている．$z^*_{u,i}$ を直接用いても結果に影響を与えない．

# 3 分 析 結 果

## 3.1 モデル 1 の構築

DB1 の 34,470 社のデータを用いて，「人的要因」「金融要因」「業種要因」の 3 つのカテゴリーごとにロジット分析を行い，変数候補を選択する．その後，それらの変数候補を用いてモデル 1 を構築する．具体的な手順は ①～④のとおりである．

① 「業種要因」について，業種別デフォルト率と企業数をもとに業種をグルーピングし，変数候補として有効な業種ダミーを抽出する．

② 「金融要因」について，創業者の資産負債変数をもとにロジット分析し，有効な変数候補を抽出する．

③ 「人的要因」について，創業者の年齢を用いて有効な変数を抽出する．
④ 各カテゴリーの有効な変数候補を用いてモデル1を構築し，AR 値を算出する．

### 3.1.1. 業種要因の変数選択

Gonçalves et al. (2014) は，①業界成長力，②参入率 (創業企業数 ÷ 既存企業数)，③産業集中度 (既存企業に対する創業企業の占有率) のいずれも非有意であることを示した．一方，鈴木 (2012) は，廃業率の高い業種として「飲食店・宿泊業」「情報通信業」「小売業」を，低い業種として「医療・福祉」「個人向けサービス業」「運輸業」を示した．さらに，業種別廃業率が高い業種ほど非自発的廃業の廃業確率が有意に高まることを明らかにした．また，尾木ら (2014) は，業種によって業歴別デフォルト率の水準や形状が異なり，業界の経営問題や構造問題を反映していることを述べている．ポルトガルでは業種に関する変数がいずれも非有意であったものの，わが国では，業種別デフォルト率が業界環境を示す有力な変数候補になる可能性がある．

そこで，本項ではモデル構築に有効な業種ダミーを抽出するために，業界環境が類似した業種をグルーピングする．最初に，DB1 を使って小分類ベースでデフォルト率を算出する．そのあと，すべての小分類業種が平均デフォルト率近傍 (2.0%±0.5%) にある製造業と件数が少ない業種を除外する (大分類ベースで「農業, 林業」「漁業」「鉱業, 採石業, 砂利採取業」「電気・ガス・熱供給・水道業」「金融・保険業」「公務」など)．残った 27,501 社の 87 業種についてデフォルト率を算出した結果を表 5-5 に示す．デフォルト率の水準は 0%～20%の間でさまざまである．創業企業数が 100 社以上の業種に限ってみても 0.0%～10.6%であり，業種によってデフォルト率に大きな差があることがわかる．市場の成長性や競争環境，収益性，参入障壁など，業界環境の違いが影響していると思われる．企業数が少ないと，1 社のデフォルトが業種別デフォルト率に与える影響が大きくなる．一定のサンプル数を確保するため，87 の業種について，デフォルト率の水準と業種の類似性をもとに，さらに 16 の業種にグルーピングを行った．この 16 の業種グループについて，ロジット分析をした結果を表 5-6 に示す．7 つの業種グループが有意になった．業種グループダミーだけ

表 5-5　創業企業の業種別デフォルト率

| 小分類 | 企業数 | デフォルト率 | 小分類 | 企業数 | デフォルト率 | 小分類 | 企業数 | デフォルト率 |
|---|---|---|---|---|---|---|---|---|
| 1 | 71 | 4.2% | 30 | 318 | 0.6% | 59 | 115 | 1.7% |
| 2 | 158 | 5.1% | 31 | 32 | 0.0% | 60 | 19 | 0.0% |
| 3 | 115 | 2.6% | 32 | 13 | 0.0% | 61 | 71 | 4.2% |
| 4 | 263 | 4.6% | 33 | 200 | 1.5% | 62 | 31 | 0.0% |
| 5 | 22 | 0.0% | 34 | 47 | 4.3% | 63 | 126 | 3.2% |
| 6 | 40 | 0.0% | 35 | 107 | 3.7% | 64 | 254 | 2.0% |
| 7 | 64 | 3.1% | 36 | 14 | 7.1% | 65 | 525 | 4.0% |
| 8 | 100 | 2.0% | 37 | 23 | 0.0% | 66 | 731 | 3.0% |
| 9 | 207 | 0.0% | 38 | 49 | 4.1% | 67 | 31 | 3.2% |
| 10 | 277 | 0.4% | 39 | 34 | 2.9% | 68 | 26 | 0.0% |
| 11 | 70 | 0.0% | 40 | 23 | 0.0% | 69 | 30 | 3.3% |
| 12 | 4,236 | 0.6% | 41 | 39 | 0.0% | 70 | 37 | 13.5% |
| 13 | 664 | 1.1% | 42 | 14 | 0.0% | 71 | 40 | 2.5% |
| 14 | 426 | 0.5% | 43 | 151 | 2.0% | 72 | 39 | 0.0% |
| 15 | 944 | 0.4% | 44 | 637 | 2.2% | 73 | 68 | 4.4% |
| 16 | 23 | 0.0% | 45 | 136 | 1.5% | 74 | 10 | 20.0% |
| 17 | 2,100 | 0.7% | 46 | 90 | 1.1% | 75 | 468 | 2.1% |
| 18 | 125 | 2.4% | 47 | 15 | 0.0% | 76 | 195 | 2.1% |
| 19 | 627 | 1.4% | 48 | 128 | 2.3% | 77 | 18 | 0.0% |
| 20 | 157 | 4.5% | 49 | 13 | 0.0% | 78 | 161 | 10.6% |
| 21 | 580 | 3.6% | 50 | 39 | 0.0% | 79 | 262 | 3.1% |
| 22 | 306 | 2.0% | 51 | 17 | 11.8% | 80 | 54 | 1.9% |
| 23 | 851 | 3.5% | 52 | 49 | 8.2% | 81 | 21 | 0.0% |
| 24 | 3,465 | 3.4% | 53 | 20 | 0.0% | 82 | 13 | 0.0% |
| 25 | 570 | 2.1% | 54 | 142 | 0.7% | 83 | 55 | 1.8% |
| 26 | 3,089 | 3.7% | 55 | 22 | 4.5% | 84 | 27 | 7.4% |
| 27 | 25 | 4.0% | 56 | 106 | 1.9% | 85 | 1,593 | 0.3% |
| 28 | 43 | 2.3% | 57 | 20 | 5.0% | 86 | 49 | 0.0% |
| 29 | 67 | 4.5% | 58 | 31 | 0.0% | 87 | 218 | 0.9% |

でモデルを構築すると，AR 値は 35.4%となり，業種要因だけでもある程度の序列性が認められる．

業種要因の分析結果をもとに，p 値が 5%以上で有意になった 7 つの業種グループについてダミー変数を変数候補として選択する．ちなみに，7 つの業種グループの企業数は 24,324 社で，全体企業数 34,470 社に占める割合は 70.6%である．デフォルト率の高い業種グループは「宿泊業，飲食サービス業」「卸売業，小売業」など，低い業種グループは「医療，福祉 ①」「生活関連サービス業」「学術研究，専門・技術サービス業 ③」などで，鈴木 (2012) の指摘と同様の傾向がみられる．

表 5-6 業種グループ

| 業種グループ (大分類ベース) | デフォルト率 | 企業数 | 標準化回帰係数 | p 値 |
|---|---|---|---|---|
| **サービス業 (他に分類されないもの)** | 高 | **607** | **▲ 0.08** | **<0.001** |
| 学術研究，専門・技術サービス業 ① | 低 | 62 | 0.25 | 0.961 |
| 学術研究，専門・技術サービス業 ② | 高 | 64 | ▲ 0.02 | 0.304 |
| **学術研究，専門・技術サービス業 ③** | 低 | **654** | **0.09** | **0.041** |
| **生活関連サービス業** | 低 | **4,900** | **0.16** | **<0.001** |
| **医療，福祉 ①** | 低 | **3,493** | **0.16** | **<0.001** |
| 医療，福祉 ② | 低 | 627 | 0.00 | 0.888 |
| 医療，福祉 ③ | 高 | 125 | ▲ 0.02 | 0.423 |
| **宿泊業，飲食サービス業** | 高 | **9,043** | **▲ 0.20** | **<0.001** |
| 運輸業 ① | 高 | 110 | ▲ 0.03 | 0.082 |
| 運輸業 ② | 低 | 318 | 0.03 | 0.402 |
| **卸売，小売業** | 高 | **3,767** | **▲ 0.13** | **<0.001** |
| 教育，学習支援業 | 高 | 637 | ▲ 0.03 | 0.181 |
| 建設業 | 高 | 1,064 | ▲ 0.03 | 0.188 |
| 情報通信業 | 高 | 170 | ▲ 0.01 | 0.488 |
| **不動産業** | 低 | **1,860** | **0.19** | **<0.001** |

デフォルト率の差がどのような業界環境の影響を受けているのかを調べるために，競争環境と収益性の観点から分析する．具体的には，平成 24 年経済センサス－活動調査 (総務省統計局) のデータを用いて，7 つの業種グループについて，参入率 (=平成 23 年以降に開設した事業所数 ÷ 平成 23 年の事業所数) と付加価値率 (=付加価値額 ÷ 売上高) を算出する．

結果を表 5-7 に示す．デフォルト率の低い業種をみると，付加価値率が 50%を上回っており，付加価値の高い業種が多い．不動産業は付加価値率が 50%を下回っているが，参入率が最も低く，比較的競争が緩やかであると考えられる．

一方，デフォルト率の高い業種はいずれも付加価値率が 50%を下回っている．宿泊業，飲食サービス業の付加価値率は 44.0%であり，低いレベルではないものの，参入率が最も高く，他の業種グループに比べて競争が激しい環境にあると思われる．

### 3.1.2. 金融要因の変数選択

尾木ら (2014) は，小企業の信用リスク評価において，財務変数と並んで経営者の個人資産額が有力な変数であることを述べている．また，Gonçalves et al. (2014) は，経営者個人の金融面での支援が大きいほど，デフォルト確率が低いことを示した．先行研究の結果を踏まえ，創業者の資金調達力を示すもの

表 5-7　7 つの業種グループの参入率と付加価値率

| 業種グループ (大分類ベース) | デフォルト率 | 参入率 (%) | 付加価値率 (%) |
|---|---|---|---|
| 宿泊業，飲食サービス業 | 高 | 4.5 | 44.0 |
| サービス業 (他に分類されないもの) | 高 | 2.2 | 30.6 |
| 卸売業，小売業 | 高 | 2.0 | 10.4 |
| 生活関連サービス業 | 低 | 1.8 | 55.5 |
| 学術研究，専門・技術サービス業 ③ | 低 | 2.4 | 52.6 |
| 医療，福祉 ① | 低 | 3.1 | 51.7 |
| 不動産業 | 低 | 0.5 | 31.2 |

資料：総務省統計局「平成 24 年経済センサス－活動調査」から作成

注：業種グループは任意のものであり，日本標準産業分類の業種分類 (大分類) とは一致しないことに注意してほしい．

として，資産負債状況に関する変数についてロジット分析する．

まず，創業者個人の資産負債状況を示す 85 個の変数について単変数ロジットを行い，p 値 5%水準で有意な変数を選択する．次に，相関マトリックスを作成して 0.5 以上の相関のある変数，クラスター分析で同じクラスターにある変数について取捨選択を行い，金融要因の変数を 15 個に絞り込んだ．

15 個の変数を用いてロジットモデルを構築した結果を表 5-8 に示す．ステップワイズによって 6 個の変数が選択された．5 つが負債状況を示す変数であり，符号条件がマイナスであることから，負債状況を示す変数の値が大きいほどスコアが低くなることがわかる．一方で，資産状況を示す変数は一つが選択された．符号条件はプラスであり，値が大きいほどスコアが高くなることがわかる．

図 5-1 にデフォルト企業と非デフォルト企業のそれぞれのスコア別構成比を示す．非デフォルト企業の方が高いスコアの構成比が高くなっており一定の判別力があることが確認できる．AR 値は 38.7%と金融要因の変数だけでもある程度の序列性が確認できる．

表 5-8　金融要因のロジットモデル

| 変数名 | 推計値 | 標準化回帰係数 | p 値 |
|---|---|---|---|
| 定数項 | 3.94 | — | <0.001 |
| 創業者の資産状況 | 0.56 | 0.22 | <0.001 |
| 創業者の負債状況 1 | ▲0.29 | ▲0.07 | 0.105 |
| 創業者の負債状況 2 | ▲0.14 | ▲0.15 | <0.001 |
| 創業者の負債状況 3 | ▲0.63 | ▲0.07 | <0.001 |
| 創業者の負債状況 4 | ▲0.11 | ▲0.06 | <0.001 |
| 創業者の負債状況 5 | ▲0.52 | ▲0.16 | <0.001 |

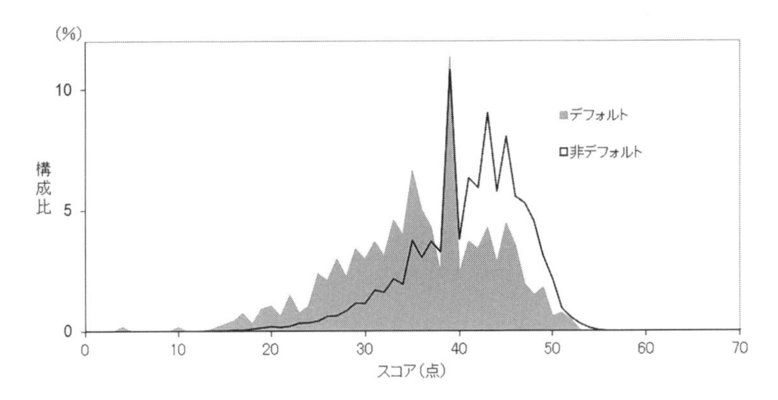


図 5-1　非デフォルト企業とデフォルト企業の金融要因スコア別構成比の分布

### 3.1.3.　人的要因の変数選択

DB1 で使用できる人的要因は創業者の年齢のみであるが，創業時の年齢が創業後のパフォーマンスに与える影響は決して小さくないと考えられる．年齢と企業の経済的パフォーマンスとの関係について，玄田・高橋 (2003) は，月商や付加価値が最大となる年齢は 40〜42 歳であることを示している．また，創業者の年齢と廃業との関係について，鈴木 (2012) は加齢に伴う知力と体力の低下が起業活動に与える影響について言及し，年齢の 1 次，2 次項を加えて推計した結果，全廃業は 44.6 歳でその確率が最も低くなることを示した．先行研究をみても，創業時の年齢が重要なファクターになる可能性が高いことがわかる．

図 5-2 にデフォルト企業と非デフォルト企業のそれぞれの年齢別構成比を示す．40 歳前後を過ぎるとデフォルト企業の構成比が非デフォルト企業の構成比を上回っている．先行研究では，40 歳代が起業家活動に必要な体力と知力のピークとしている．本分析でも 40 歳を過ぎると徐々にデフォルト企業の構成比が増えており，先行研究と同様の傾向が確認できる．

以上の検討を踏まえ，30 歳，35 歳，40 歳，45 歳，50 歳の 5 つのダミー変数について AR を計測した．結果を表 5-9 に示す．「創業時の年齢が 40 歳未満」のダミー変数の AR 値が 12.3%と，最も高くなった．

### 3.1.4.　モデル 1 の構築と評価

3.1.1〜3.1.3 で抽出した変数を用いてモデル 1 を構築した．結果を表 5-10 に

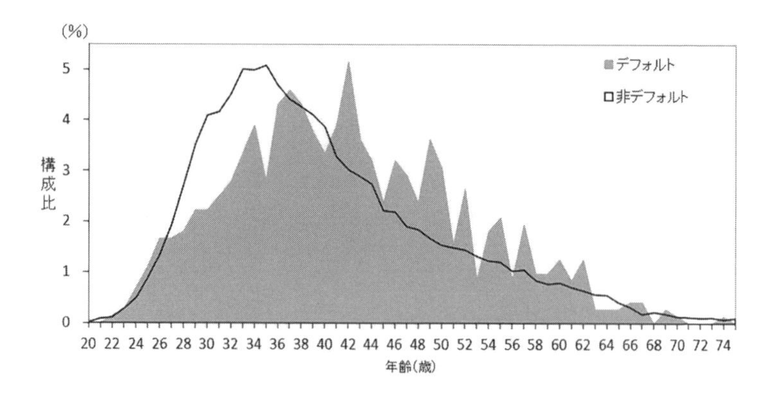


図 5-2　非デフォルト・デフォルト企業の年齢別構成比の分布

表 5-9　年齢ダミーの AR 値

(単位：%)

| ダミー変数 | 30 歳未満 | 35 歳未満 | 40 歳未満 | 45 歳未満 | 50 歳未満 |
|---|---|---|---|---|---|
| AR 値 | 2.1 | 9.7 | 12.3 | 8.7 | 4.4 |

示す．変数は「学術研究，専門・技術サービス業 ③の業種ダミー」を除いてすべての変数が選択された．

図 5-3 のとおり，デフォルト企業と非デフォルト企業のスコア別構成比の分布がうまく分かれている．AR 値は 51.2%となり，モデル 1 だけでも実務で利用可能なレベルにあることが確認できる．

### 3.2　モデル 2 の構築

「人的要因」「金融要因」のうち，＊印のついた 10 個の変数について，DB2 を用いてロジットモデルを構築した．変数選択はステップワイズで行った．結果を表 5-11 に示す．人的要因として，斯業経験ダミー (5 年以内：1)，創業の計画性の有無ダミー，金融要因として，創業者の手持ち資金額，の 3 つの変数が有意になった．Gonçalves et al. (2014) は，人的資本に関連する 5 つの説明変数を検証した結果，創業者の経営経験歴と教育水準が統計的に有意であったことを示した．鈴木 (2012) は，非自発的廃業に関しては，経営経験と教育水準のいずれも非有意であったことを述べている．本分析では，鈴木 (2012) と同

表 5-10　モデル 1 の標準化回帰係数

| カテゴリー | 変数名 | 推計値 | 標準化回帰係数 | p 値 |
|---|---|---|---|---|
| | 定数項 | 3.91 | — | <0.001 |
| 業種ダミー | 宿泊業，飲食サービス業 | ▲0.82 | ▲0.20 | <0.001 |
| | サービス業 (他に分類されないもの) | ▲0.71 | ▲0.06 | <0.001 |
| | 卸売業，小売業 | ▲0.57 | ▲0.11 | <0.001 |
| | 生活関連サービス業 | 0.65 | 0.13 | <0.001 |
| | 医療，福祉 ① | 0.84 | 0.14 | <0.001 |
| | 不動産業 | 0.14 | 0.18 | <0.001 |
| 金融要因 | 創業者の資産情報 1 | 0.53 | 0.20 | <0.001 |
| | 創業者の負債情報 1 | ▲0.62 | ▲0.07 | <0.001 |
| | 創業者の負債情報 2 | ▲0.54 | ▲0.16 | <0.001 |
| | 創業者の負債情報 3 | ▲0.06 | ▲0.04 | <0.001 |
| | 創業者の負債情報 4 | ▲0.13 | ▲0.14 | <0.001 |
| | 創業者の負債情報 5 | ▲0.12 | ▲0.06 | <0.001 |
| 人的要因 | 40 歳未満ダミー | 0.50 | 0.14 | <0.001 |

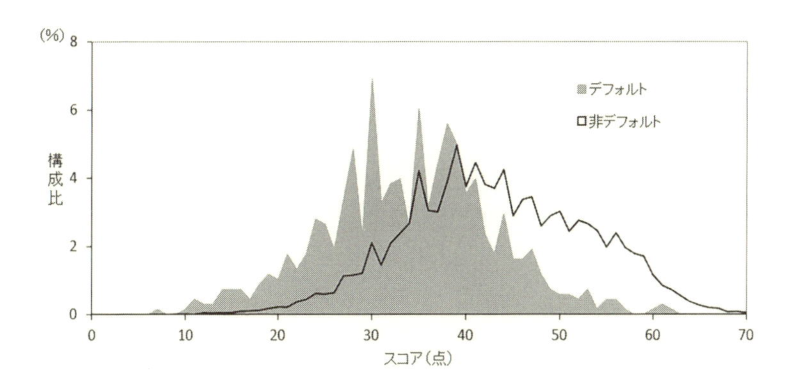


図 5-3　非デフォルト・デフォルト企業のスコア別構成比の分布 (モデル 1)

表 5-11　モデル 2 の標準化回帰係数

| 変数名 | 推計値 | 標準化回帰係数 | p 値 |
|---|---|---|---|
| 定数項 | ▲0.71 | — | 0.063 |
| 創業者の手持ち資金額 | 0.30 | 0.20 | <0.001 |
| 斯業経験ダミー (5 年以内：1) | ▲0.49 | ▲0.12 | <0.001 |
| 創業計画性の有無ダミー (なし：1) | ▲0.50 | ▲0.11 | 0.006 |

様に，経営経験や教育水準はいずれも有意にならなかった．

斯業経験年数と廃業との関係について，鈴木 (2012) は年数が長くなるほど確

表 5-12　斯業経験年数ダミーの AR 値

(単位：%)

| ダミー変数 | 1 年以内 | 2 年以内 | 3 年以内 | 4 年以内 | 5 年以内 | 6 年以内 | 7 年以内 | 8 年以内 | 9 年以内 | 10 年以内 |
|---|---|---|---|---|---|---|---|---|---|---|
| AR 値 | 8.4 | 10.4 | 11.4 | 10.9 | 11.1 | 9.0 | 6.6 | 6.9 | 8.1 | 5.9 |

表 5-13　モデル 3 の標準化回帰係数

| 変数名 | 推計値 | 標準化回帰係数 | p 値 |
|---|---|---|---|
| 定数項 | ▲0.12 | — | <0.001 |
| モデル 1 のスコア | 0.98 | 0.59 | <0.001 |
| モデル 2 のスコア | 0.85 | 0.22 | <0.001 |

(修正疑似 $R^2$=0.172)

率が低くなることを示している．さらに，斯業経験年数と年ダミーとの交差項を作成して推計した結果，斯業経験の効果は創業後 3 年程度で消滅することを明らかにした．本分析では，1 年〜10 年のダミーの AR 値を算出して検討した．結果を表 5-12 に示す．3 年以内の AR 値が 11.4%と最も高く，鈴木 (2012) と整合的な結果となった．ただ，表 5-12 のとおり，4 年以内と 5 年以内はほぼ同水準で，6 年以内以上から徐々に低下している．そこで，本分析では，5 年以内ダミーを採用することにした．

創業計画の妥当性の有無は，審査担当者の主観に基づく情報であるが有意になった．また，金融要因として，自己資金額に親や配偶者，親戚などからの支援金額や借入金のうちで使途が確定していない余裕資金額などを加えた手持ち資金額が選択された．Gonçalves et al. (2014) の分析でも，創業の早い段階で経営者個人の金融面での支援が大きいほど，創業企業のデフォルト確率が低いという結果が出ており，先行研究とも整合的な結果となっている．

図 5-4 に，モデル 2 の非デフォルト・デフォルト企業のスコア別構成比の分布を示す．モデル 1 に比べて判別力が低いことがわかる．AR 値は 27.9%となった．

### 3.3　モデル 3(最終モデル) の構築

DB2(1,718 社) のデータを用いて，モデル 1 のスコアとモデル 2 のスコアを算出し，それぞれのスコアを変数としてモデル 3(最終モデル) を構築した．結果を表 5-13 に示す．標準化回帰係数をみると，モデル 1 のスコアが 0.59，モ

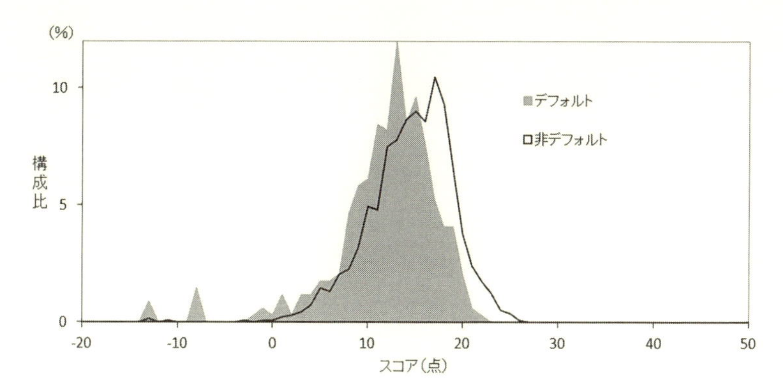


図 5-4 非デフォルト・デフォルト企業のスコア別構成比の分布 (モデル 2)

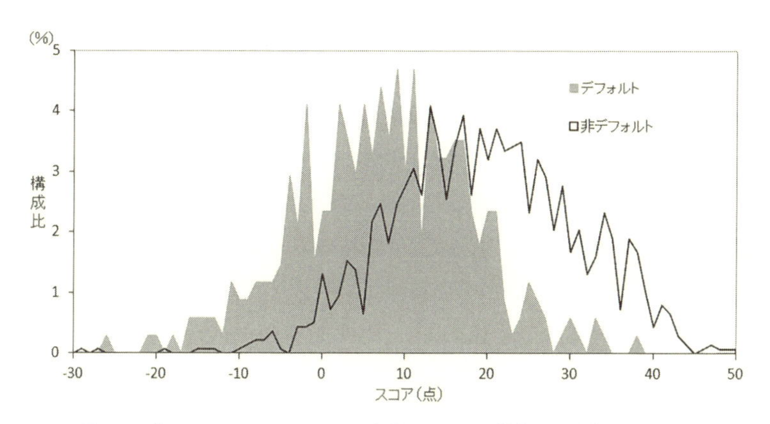


図 5-5 非デフォルト・デフォルト企業のスコア別構成比の分布 (モデル 3)

デル 2 のスコアが 0.22 となった.

図 5-5 にモデル 3 の非デフォルト・デフォルト企業のスコア別構成比の分布を示す. AR は 57.1%となり, 実務でも十分活用できる水準にあることが確認できる.

## 4 ま と め

本研究では, 34,470 社の創業企業のデータベースを用いて, 信用リスクモデルを構築し，AR 値による評価を行うことによって，その特徴と有用性を明らかにした．著者たちの知る限りにおいて創業企業の信用リスクモデルに関する先行研究は存在しておらず，本研究の内容はきわめてオリジナルな成果といえるだろう．

本研究と主な先行研究との比較をまとめたものを表 5-14 に示す．AR 値の水準は，尾木ら (2014) の小企業向けモデルの 42.7%よりも高い 57.1%と，実務でも利用可能であることがわかった．

変数選択にあたっては，「人的要因」「金融要因」「業種要因」の 3 つの視点から分析を行った．分析の結果，人的要因として，年齢，斯業経験，創業計画が有意になり，鈴木 (2012) とほぼ同様の結果となった．経営者として必要な知識や体力などが備わっているかどうかは創業の成否を分ける重要なポイントであり，その点を評価していると考えられる．

また，金融要因として，創業者個人の資産負債状況と手持ち資金額が有意になった．Gonçalves et al. (2014) や尾木ら (2014) も経営者の資金力はデフォルトと相関が高いことを示している．所有と経営が一体となっている小企業の場合，経営者個人の資産や資金調達力は経営上の重要な要素であり，先行研究や現場の経験則とも整合している．

最後に，業種要因として，7 つの業種グループのダミー変数が有意になった．デフォルト率の低い 4 つの業種グループは収益率が高いか競争が少ないという特徴がある一方，デフォルト率が高い 3 つの業種グループは，収益率が低いか競争が激しいという特徴があり，妥当な結果が得られた．鈴木 (2012) の結果と同様の傾向が確認できる．

実務で利用するために，具体的な説明変数を示すことはできなかったが，先行研究と整合的で，そのうえ現場担当者にも納得感のある「人的要因」「金融要因」「業種要因」に関連する説明変数でモデルは構築されており，創業企業の特徴も表すことができた．本研究で構築したモデルを創業したばかりの企業 (業歴の浅い企業) に応用することができれば，小企業向けモデルの AR 値の向上に寄与する可能性もある．

今後の課題として，データの蓄積を待って以下の 2 点について研究を進める予定である．

表 5-14　本研究と先行研究の分析結果の比較

| | | Gonçalves et al.(2014) | 鈴木(2012) | 尾木ら(2014) | 本研究 |
|---|---|---|---|---|---|
| リスクモデルの構築 | | × | × | ○(AR値:42.7%) | ○(AR値:57.1%) |
| 対象企業 | | 創業した企業 | 創業した企業 | 業歴2年以上の企業 | 創業する前の企業 |
| 使用変数 | | 財務・非財務変数 | 財務・非財務変数 | 財務・非財務変数 | 非財務変数 |
| 人的要因 | 年齢 | − | 加齢に伴う知力と体力の低下が起業活動に与える影響について言及し、全廃業は44.6歳でその確率が最も低いことがわかった | − | 30歳、35歳、40歳、45歳、50歳の5つのダミー変数についてARを計測した結果、「創業時の年齢が40歳未満」のダミー変数が最も高いことがわかった |
| | 経営経験 | 有意 | 非有意 | 業歴が長いほどデフォルト率が低いことがわかった | 非有意 |
| | 教育水準 | 有意 | 非有意 | − | 非有意 |
| | 斯業経験 | 非有意 | 有意(3年) | − | 有意(5年) |
| | 創業計画 | 非有意 | 有意<br>「FC加盟」<br>「新規性の有無」 | − | 有意<br>「創業計画の妥当性」 |
| 金融要因 | 資産負債状況 | 経営者個人の金融面での支援が大きいほど、デフォルト確率が低い | − | 経営者の個人資産額が有力な変数である | 6個の変数が有意<br>5つが負債情報<br>1つが資産情報 |
| | 手持ち資金額 | | − | | 有意 |
| 業種要因 | | ①業界成長力<br>②参入率<br>③産業集中度<br>は非有意 | 業種を取り巻く環境が廃業に影響していることを指摘<br>廃業率の高い業種<br>「飲食店・宿泊業」<br>「情報通信業」<br>「小売業」<br>廃業率の低い業種<br>「医療・福祉」<br>「個人向けサービス業」<br>「運輸業」 | 業種によって業歴別デフォルト率の水準や形状が異なり、業界の経営問題や構造問題を反映していると指摘 | 業種ダミーが有意であることを示した<br>デフォルト率の高い業種グループ<br>「宿泊業、飲食サービス業」<br>「卸売業、小売業」など<br>デフォルト率の低い業種グループ<br>「医療、福祉①」<br>「生活関連サービス業」<br>「学術研究、専門・技術サービス業③」 |

① アウトオブサンプルテストを行い，モデルの頑健性を確認したい．

② 時系列での分析を行いたい．

本研究の結果は，創業企業においても信用リスクモデルは有用であることを示しており，公庫のみならず，他の金融機関に多少なりとも参考になれば幸いである．

## 付録　AR 値 (Accuracy Ratio)

信用リスクモデルの精度を評価する指標はいくつかあるが，デフォルト確率 (PD) を推計するモデルの評価は AR 値で行われることが一般的である．AR 値はモデルから算出される PD の高い企業ほど，実際のデフォルトが生じている状況にあるのかどうかを評価する順序性尺度である．具体的には，サンプル企業を PD の高い順番に並べたあと，全企業数に対する累積企業の割合を X 軸にとる．次に，全デフォルト企業数に対する累積デフォルト企業の割合を Y 軸にとってプロットする．プロットによって示される曲線はCAP曲線(Cumulative Accuracy Profiles)と呼ばれている．

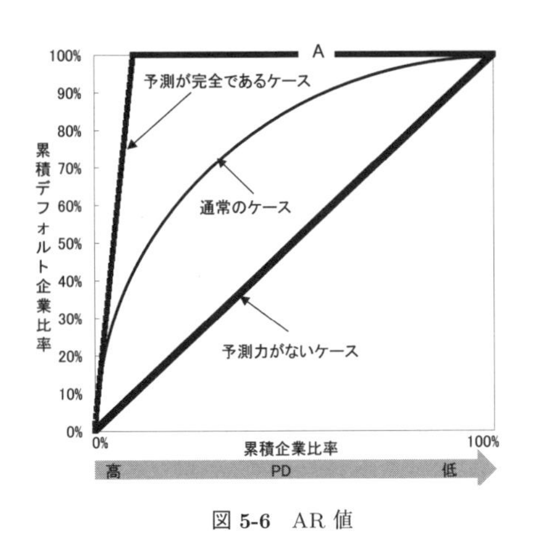


図 **5-6**　AR 値

図5-6の45度線に重なっている線は，PDの大きさと実際のデフォルトが全く関係なく生じており，モデルに予測力がないケースを示している．一方，線Aは，PDの高い順番に実際のデフォルトが生じたケースであり，モデルの予測が完全であるケースを表している．通常のケースは，45度線と線Aの間にCAP曲線が描かれる．したがって，45度線と線Aで囲まれた面積(完全に予測したケース)を1とすると，AR値は，線Aと45度線で囲まれた面積に対するCAP曲線と45度線で囲まれた面積の比率であり，

$$AR\text{値} = \frac{\text{CAP 曲線と 45 度線で囲まれた面積}}{\text{線 A と 45 度線で囲まれた面積}}$$

で表される．モデルの精度が高ければCAP曲線は線Aに近い線を描き，精度が低ければ45度線に近い線を描くことになる．このように，AR値は0から1の値をとり，1に近いほど精度が高いという直観的なわかりやすさがあるうえ，格付付与においてはデフォルト確率の値の一致精度よりも，企業の信用リスクの相対的な大きさ(リスクの大きさの順序性)が重視されるという実務での有用性から広く普及している．

〔参考文献〕

尾木研三・戸城正浩・枇々木規雄 (2016),「小企業の EL 推計における業歴の有効性」,『ファイナンスにおける数値計算手法の新展開 (ジャフィー・ジャーナル：金融工学と市場計量分析) 』, 朝倉書店, 156-178.

尾木研三・戸城正浩・枇々木規雄 (2015),「小企業向け保全別回収率モデルの構築と実証分析」,『ファイナンスとデータ解析 (ジャフィー・ジャーナル：金融工学と市場計量分析) 』, 朝倉書店, 168-201.

尾木研三・戸城正浩・枇々木規雄 (2016),「小規模企業向け信用スコアリングモデルにおける業歴の頑健性と経営者の個人資産との関係性」, Transactions of the Operations Research Society of Japan, Vol.59, 134-159.

尾木研三・森平爽一郎 (2013),「中小企業のデフォルト率に影響を与えるマクロ経済要因—1 ファクターモデルを用いたアプローチ—」日本政策金融公庫論集第 20 号, 2013 年 8 月, 71-89.

玄田有史・高橋陽子 (2003),「自己雇用の現在と可能性」,「調査季報」第 64 号, 国民生活金融公庫総合研究所, 1-27.

鈴木正明 (2012),「新規開業企業の軌跡　パネルデータにみる業績, 資源, 意識の変化」, 勁草書房.

東京商工会議所 HP, https://www.tokyo-cci.or.jp/shikin/wing/

中小企業庁 HP, 中小企業の新たな事業活動の促進に関する法律逐条解説 (最終更新日平成 18 年 7 月 4 日), http://www.chusho.meti.go.jp/keiei/shinpou/chikujou_kaisetu/)

日本政策金融公庫 HP, https://www.jfc.go.jp/n/finance/search/01_sinkikaigyou_m.html

枇々木規雄・尾木研三・戸城正浩 (2010),「小企業向けスコアリングモデルにおける業歴の有効性」, 津田博史・中妻照雄・山田雄二編『定量的信用リスク評価とその応用 (ジャフィー・ジャーナル：金融工学と市場計量分析) 』, 朝倉書店, 83-116.

枇々木規雄・尾木研三・戸城正浩 (2012),「信用スコアリングモデルにおけるマクロファクターの導入と推定デフォルト確率の一致精度の改善効果」, Transactions of the Operations Research Society of Japan, Vol.55 (2012 年 12 月), 42-65.

枇々木規雄・尾木研三・戸城正浩 (2011),「教育ローンの信用スコアリングモデル」, 津田博史・中妻照雄・山田雄二編『バリュエーション (ジャフィー・ジャーナル：金融工学と市場計量分析) 』, 朝倉書店, 136-165.

三浦　翔・山下智志・江口真透 (2008),「信用リスクスコアリングにおける AUC と AR 値の最大化法」, 金融庁金融研究センター, 20 年度ディスカッションペーパー.

森平爽一郎 (2009),『信用リスクモデリング－測定と管理－』, 朝倉書店.

森平爽一郎・岡崎貫治 (2009),「マクロ経済変数を考慮したデフォルト確率の期間構造推定」, 早稲田大学大学院ファイナンス総合研究所ワーキングペーパーシリーズ.

柳澤健太郎・下田　啓・岡田絵理・清水信宏・野口雅之 (2007),「RDB データベースにおける信用リスクモデルの説明力の年度間推移に関する分析」, 日本金融・証券計量・工学学会 2007 年夏季大会予稿集, 249-263.

山下智志・川口　昇・敦賀智裕 (2003),「信用リスクモデルの評価方法に関する考察と比較」, 金融庁金融研究センター, 15 年度ディスカッションペーパー.

山下智志・川口　昇 (2003),「大規模データベースを用いた信用リスク計測の問題点と対策 (変数選択とデータ量の関係) 」, 金融庁金融研究センター, 14 年度ディスカッションペーパー.

Altman, E. I. and Sabato, G. (2007), "Modelling Credit Risk for SMEs: Evidence from the U.S. Market", *ABACUS*, Vol.43, No.3, 332-357.

Ohlson, J. A. (1980), "Financial ratios and the probabilistic prediction of bankruptcy", *Journal of Acconting Research*, 18(1), 109-131.

Gonçalves et al. (2014), "The Determinants of Credit Default on Start-Up Firms. Econometric Modeling using Financial Capital, Human Capital and Industry Dynamics Variables", *FEP Working Papers*, n.534.

（尾木 研三：(株) 日本政策金融公庫国民生活事業本部リスク管理部[4]
/慶應義塾大学大学院理工学研究科）
（内海 裕一：(株) 日本政策金融公庫国民生活事業本部リスク管理部）
（枇々木規雄：慶應義塾大学理工学部管理工学科）

4) E-mail: ogi-k@jfc.go.jp (本稿で示されている内容は, 筆者たちに属し, 日本政策金融公庫としての見解をいかなる意味でも表さない. )

# 一 般 論 文

# 6　外国為替取引におけるクラスタ現象のモデル化 *

佐久間吉行・横内大介

**概要**　本研究は為替 Tick データに現れる為替取引のクラスタ (塊) 現象を説明する統計モデルを提案する論文である．先行研究である Shibata (2006) は，各クラスタ内の為替取引発生に対して定常ポアソン過程を仮定することで，クラスタの検出方法を確立し，平常時のデータを用いて，為替の対数取引価格がラプラス分布に従うこと等，提案した統計モデルの当てはまり具合を確認した．本研究はその Shibata (2006) の仮定を一部変更し，取引発生に対してはより柔軟な複合ポアソン過程を仮定することで，新たなクラスタの検出方法を確立した．そして，先行研究では用いられなかった異常時 Tick データ，具体的には 2010 年のフラッシュクラッシュ時のデータを用いて，クラスタ検出法と各分布の適合度の比較を行った．その結果，取引が活発な時間帯では本研究提案のモデルの方が近似精度が高いことを確認した [1)]．

## 1　は じ め に

外国為替取引のマーケット [2)] において銀行などのレート配信業者は，自らが

---

*　本研究は若手研究 (B)15K17089 の助成を受けたものです．

1)　レフリーから頂いたコメントを通じて，モデルに対する数多くの示唆が得られましたことを深く感謝いたします．

2)　外国為替取引の参加者は，為替の流動性を需要する輸出入などの実需に基づく参加者，為替に流動性を供給する銀行などのレート配信業者，投機的な参加者，中央銀行，投資ファンドなど多岐にわたる．取引の形態は，互いのクレジットを事前に承認したうえでの相対取引が原則となる．クレジットを承認し合った銀行間では，この相対取引を EBS などの電子プラットフォームを通じて行っている．EBS は取引参加者の約定及びクォートを束ねることで質が高い為替取引のデータを提供している．また，実需に基づく大口参加者と銀行などのレート配信業者の間の取引も，レート配信業者が開設する電子ポータルサイトを通じて行うのが一般的となっている．こうした電子取引のスピードはより高速化の傾向にあり，1/1000 秒単位の為替レートの配信も行われるようになっ

過度に為替のポジションリスクを負うことなく，安定したスプレッド収益を獲得することを目指している．しかしながら，外国為替取引にはさまざまな要因が複雑に絡み合っているので，単純な数理モデルや統計モデルだけでは為替取引のメカニズムを説明することは困難であり，実務の助けになるようなフレームワークはまだ十分に確立されていない．

この現象の複雑さを引き起こす要因の１つとして，為替取引のクラスタ現象が上げられる．為替取引のクラスタ現象とは，取引の活況具合に応じて，約定発生の間隔 $\Delta t$ が短くなる時間帯と長くなる時間帯に分かれる現象のことである．このクラスタ現象を捉えるには，約定発生の間隔 $\Delta t$ を説明するモデルが必要になる．しかしながら，通常のファイナンスの研究の設定と異なり，クラスタ現象を捉えるモデルでは発生間隔 $\Delta t$ が等間隔であるという仮定をおけない．そこで本研究では $\Delta t$ に対して約定発生の順序に対応する添え字 $i$ をつけて，不均一な約定発生間隔を $\Delta t_i$ と表すことで，モデルとして表現することを目指した．また，為替レートを急激に変化させる何らかの情報 (雇用統計の発表，中央銀行発表，テロ事件の勃発など) が発生した状態を異常時，それ以外を平常時と定義した．

為替取引のクラスタ現象のモデル化にあたり，我々はまず先行研究で使われているモデルをサーベイした．為替や株の取引発生メカニズムを説明する手法の違いに焦点をおいて既存の研究を区分すると，既存研究は，「計量経済・ファイナンスの理論を用いて為替や株の取引を説明する研究」，「統計力学の理論を用いて為替や株の取引を説明する研究」，「統計モデルを用いて為替や株の取引を説明する研究」の３つに区分できる．

「計量経済・ファイナンスの理論を用いて為替や株の取引を説明する研究」は，マーケットマイクロストラクチャーとして知られている．高頻度データ[3)]に，ゲームの理論や情報の非対称性などの理論を当てはめることで，為替や株の取引を説明する研究となる．Evance (2002) は，NCK(私的ニュース) の代理

---

ている．

3) 本研究では，データの発生時間とそのときのレートを共に記録したデータを Tick データとよび，データの発生間隔を１秒，１分などの短い時間の単位で等間隔に加工したデータを高頻度データとよぶ．

変数としてディーラーの買い注文と売り注文の差を用いることで，状態空間モデルを構築し，CN(公的ニュース) とNCK(私的ニュース) が為替レートの挙動に与える影響を調査した．Easley.et.al (1996) は，混合ポアソン分布の尤度関数を用いて，マーケット参加者のうち一部の人しか知りえない私的情報の増加を市場データから検出する方法であるPIN を開発した．この他，杉原 (2011) は，マーケットマイクロストラクチャー分野を中心とした研究の詳しい紹介を行っている．

「統計力学の理論を用いて為替や株の取引を説明する研究」は，Tick データや高頻度データに，カオス・フラクタルなど経済物理の理論を当てはめることで，為替や株の取引を説明している．高安 (2007) は，統計力学の手法をもとに，PUCK モデルを示し，為替レートの予測の可能性について言及した．Sazuka (2007) は，ソニー銀行の USD/JPY レートの取引発生間隔の分布が指数分布ではなく，ワイブル分布に従うことを示した後，統計力学の手法を用いて，長時間漸近領域での中でワイブル法則とべき法則の相転移現象を確認した．

「統計モデルを用いて為替や株の取引を説明する研究」は，Tick データへの点過程モデルの当てはめや高頻度データへの時系列モデルの当てはめを通じて為替や株の取引を説明する研究となる．Hawkes (1971)，(1974) は，点過程モデルの強度に周期性やトレンドを組み込んだ自己励起モデルを提案した．加藤・丸茂 (1999) は，為替レートなどの取引発生回数が，定常ポアソンに従うかを検証した．そして，定常ポアソン過程からの乖離を検出した結果を受け，その原因として取引間の相互作用の存在を予想した．Engel (2000) は，取引発生間隔の系列に ACD(自己回帰条件付デュレーション) とよばれる時系列構造を仮定し，取引タイミングのモデル化を行うとともに価格のボラティリティへの影響を計測した．Shibata (2006) は，為替 Tick データの取引発生頻度に対し，強度一定の定常ポアソン過程を区分的に当てはめるモデル化の方法を提案した．

本研究では，為替取引のクラスタ現象を捉えるモデル化を行うことがテーマなので，一般に単位時間間隔に補正した高頻度データを使用する「計量経済・ファイナンスの理論を用いて為替や株の取引を説明する研究」の方法は利用できない．為替 Tick データの取引発生間隔をそのまま眺める研究には，「統計力学の理論を用いて為替や株の取引を説明する研究」と「統計モデルを用いて為替や株の取引を説明する研究」があるが，物理学の知識を利用する研究手法は，現場で実務家が応用するにはハードルが高いと考え，本研究では「統計モデルを用いて現象を説明する研究」に着目した．

「統計モデルを用いて現象を説明する研究」の中で挙げたShibata (2006) は，為替取引のクラスタ現象をモデル化した論文となる．為替取引の発生頻度に対し，強度一定の定常ポアソン過程を区分的に当てはめるモデル化を提案し，二分木アルゴリズムを用いて平常時のデータを当てはめ，そのあてはまりの良さを確認している．この論文は，為替レートの対数取引価格差は正規分布に，取引発生間隔は指数分布に従うと仮定したモデルを用いている．Shibata (2006) の発想は我々のねらいと良く一致しており，本研究ではこの論文を先行研究とした．ただし，平常時の Tick データで当てはまりの良かった Shibata (2006) に対し，本研究では異常時における説明力についても焦点をあてる．そのため，分析に用いた Tick データは，EBS 社の 2010/5/5 21:00:00〜2010/5/6 21:00:00 の USD/JPY の為替約定取引データ [4] であり，米国の S&P500 先物の流動性供給が瞬間的に壊れて大暴落したフラッシュクラッシュの時間帯を含んでいる．

本研究の 2 節では，まず先行研究である Shibata (2006) のモデルの詳細を紹介する．3 節では，Shibata (2006) のモデルの発生強度に対してガンマ分布，及び逆ガンマ分布を事前分布として仮定し再構築した新たなモデルを提案する．4 節ではデータを双方のモデルに当てはめた結果を比較する．5 節では，Shibata (2006) の更なる拡張として GIG (Generalized Inverse Gaussian) 分布を当てはめ結果を紹介する．6 節では，本研究のまとめを行う．

## 2 先行研究の概要

本研究の先行研究である Shibata (2006) は，各クラスタでの取引発生件数が強度一定の定常ポアソン過程に従うという仮定の下で，Tick データを意味のあるクラスタに区分する方法を提案している．そして，対数取引価格差を取引発

4) 最小取引発生間隔 0.1 秒のタイムスタンプと約定レートからなる USD/JPY の約定取引 Tick データ．

生間隔の平方根で除して基準化した系列が正規分布に従うという仮定の下で，対数取引価格差がラプラス分布に従うこともあわせて示している．本節ではこの Shibata (2006) における為替 Tick データの統計モデリングの方法について概説する．

## 2.1 約定取引発生が定常ポアソン過程に従う場合のクラスタ区分法

あるクラスタにおける総取引数を $n$ とし，為替取引の取引発生時刻 $t_1 \leq t_2 \leq \cdots \leq t_n$ における取引発生間隔を $\Delta t_i = t_i - t_{i-1}$ とおく．取引発生が強度 $\lambda$ の定常ポアソン過程に従うと仮定すると $\Delta t_i$ は指数分布に従う．このときの約定取引の間隔 $\Delta t_2, \ldots, \Delta t_n$ の対数尤度関数は

$$L(\Delta t_2, \ldots, \Delta t_n; \lambda) = \log \left( \prod_{i=2}^{n} \lambda \exp(-\lambda \Delta t_i) \right) = (n-1) \log \lambda - \lambda(t_n - t_1)$$

となり，$L$ を最大にするパラメータ $\lambda$ の最尤推定量 $\hat{\lambda}$ は，

$$\hat{\lambda} = \frac{n-1}{t_n - t_1}$$

となる．そして，このときの最大対数尤度 $L_0$ は

$$L_0 = L(\Delta t_2, \ldots, \Delta t_n; \hat{\lambda}) = (n-1) \log \frac{n-1}{t_n - t_1} - (n-1)$$

となる．

一方，時刻 $t_1, \ldots, t_k$ に発生する約定取引が強度 $\lambda_1$ の定常ポアソン過程に従い，$t_k, \ldots, t_n$ に発生する約定取引が強度 $\lambda_2$ の定常ポアソン過程に従うと仮定する．この仮定は言い換えれば，$t_1, \ldots, t_n$ は 1 つのクラスタではなく，2 つのクラスタから構成されているということを意味する．このとき，前者の約定取引の間隔 $\Delta t_2, \ldots, \Delta t_k$ の対数尤度関数は

$$L_{1,k}(\Delta t_2, \ldots, \Delta t_k; \lambda_1)$$

となり，後者の対数尤度関数は

$$L_{2,k}(\Delta t_{k+1}, \ldots, \Delta t_n; \lambda_2)$$

となる．そして，それぞれの最尤推定量は $\hat{\lambda}_1 = \frac{k-1}{t_k - t_1}$ と $\hat{\lambda}_2 = \frac{n-k}{t_n - t_k}$ となるの

で，このときの最大対数尤度は

$$L_{1,2,k} = L_1(\Delta t_2, \dots, \Delta t_k; \hat{\lambda}_1) + L_2(\Delta t_{k+1}, \dots, \Delta t_n; \hat{\lambda}_2)$$
$$= (k-1)\log\frac{k-1}{t_k - t_1} + (n-k)\log\frac{n-k}{t_n - t_k} - (n-1)$$

と表せる．この $k$ を動かしたとき，最も大きな $L_{1,2,k}$ を達成する $k'$ が，尤度原理の観点から分割点の最有力候補になる．

もし尤度比 $L_{1,2,k'}/L_0$ の理論分布が求められるのであれば，尤度比検定を通じて分割を行うか否かの統計的な判定が実施できる．しかしながら，この検定統計量の理論分布を解析的には求めることは容易ではないことから，Shibata (2006) ではモンテカルロシミュレーションを用いて検定統計量の分布を取得している．

実際の分析では全取引データを 1 つのクラスタとみなして分割を開始する．そして尤度比検定の帰無仮説「分割前後で最大対数尤度に差はない」が棄却できなくなるまで各クラスタに対して再帰的に尤度比検定を実施することで統計的に意味のある分割点を求めている．

### 2.2 対数取引価格差が従う分布

前節のアルゴリズムで得られた任意の 1 つのクラスタの要素数を $n$ とする．そして取引発生時刻 $t_i$ の為替レート $R_{t_i}, i = 1, \dots, n$ に対する対数取引価格差 $x_i$ を

$$x_i = \log\left(\frac{R_{t_i}}{R_{t_{i-1}}}\right), \quad i = 2, \dots, n$$

と表すこととする．そのとき，標準ブラウン運動 $B_t$ と定数ボラティリティ $\sigma$ を用いて対数価格が $\log R_t = \sigma B_t$ と記述できるならば，その対数取引価格差 $x_i$ は，

$$x_i = \log\left(\frac{R_{t_i}}{R_{t_{i-1}}}\right) = \sigma\left(B_{t_i} - B_{t_{i-1}}\right) = \sigma\sqrt{\Delta t_i}z, \quad z \sim N(0,1)$$

となる．前節の仮定より $\Delta t_i$ は指数分布に従うので，対数取引価格差 $x_i$ は $N\left(0, \sigma^2 \Delta t_i\right)$ という複合分布に従う．

この指数分布と正規分布の複合分布は，$\alpha = \frac{\sqrt{2\lambda}}{\sigma}$ となるパラメータをもつラプラス分布に従う．以下はその密度関数である．

$$f(x;\alpha)=\frac{\alpha}{2}\exp\left(-\alpha|x|\right),\quad i=2,\ldots,n$$

この結果については Andrews and Mallows (1974) の中で Lemma として与えられている．

各クラスタにおける対数取引価格差 $x_i$ はラプラス分布に従うので，そのパラメータ $\alpha$ の最尤推定量は

$$\hat{\alpha}=\frac{n}{\sum\left|\log\frac{R_{t_i}}{R_{t_{i-1}}}\right|}$$

で与えられる．そして，$\lambda$ の最尤推定量は

$$\hat{\lambda}=\frac{n-1}{t_n-t_1}$$

であるから，各クラスタでのボラティリティ $\hat{\sigma}$ は

$$\hat{\sigma}=\frac{\sqrt{2\hat{\lambda}}}{\hat{\alpha}}$$

と推定することができる．

以下，本研究中では，発生間隔 $\Delta t_i$ がある正の確率分布 $\Delta T$ に従い，$\sigma^2$ 一定の下，$\frac{x_i-(a+b\Delta t_i)}{\sigma\sqrt{\Delta t_i}}$ が標準正規分布に従うと仮定するとき，以下で得られる対数取引価格差 $x_i$ の理論分布 $X$ を正規尺度平均混合 (Normal Variance-Mean Mixture) と定義する (Barndorff-Nielsen, Kent and Sorensen (1982))．尚，本研究では，$a=b=0$ を仮定する．

$$\Delta t_i \sim \Delta T$$
$$\epsilon \equiv \frac{x_i-(a+b\Delta t_i)}{\sigma\sqrt{\Delta t_i}} \sim N(0,1)$$
$$x_i \equiv a+b\Delta t_i+\sigma\sqrt{\Delta t_i}\epsilon \sim X$$

ただし，$\epsilon$ と $\Delta t_i$ は独立とする．

# 3 ガンマ分布と逆ガンマ分布による複合ポアソン過程を用いたモデル化

Shibata (2006) では，為替取引の発生間隔 $\Delta t_i$ に対して指数分布を仮定し，

さらに $\frac{x_i}{\sqrt{\Delta t_i}}$ に対して正規分布を仮定することで，対数取引価格差 $x_i$ の正規尺度平均混合がラプラス分布に従うことを導いていた．しかし，後に4節で見るように，このモデルは，フラッシュクラッシュ時のデータでの当てはまりは，必ずしもいいとはいえない．

発生間隔 $\Delta t_i$ に対して指数分布を仮定するということは，単位時間当たりの取引の発生回数に強度一定のポアソン分布を定義したことと同値となる．しかし，単位時間当たりの取引の発生回数の分布に，$\lambda$ 一定の仮定をおくことは，さまざまな状態をもつ為替市場で取引間隔をモデル化するには強すぎる仮定のように思われる．

そこで，本研究ではこの問題点を解決すべく，Shibata (2006) における定常ポアソン過程の仮定を変更し，単位時間当たりの取引の発生回数を決める $\lambda$ が一定であるとする仮定を緩め，$\lambda$ が確率分布として，ガンマ分布や逆ガンマ分布に従うとする仮定をおくことで，単位時間当たりの取引の発生回数の適合度の向上を図れないかを検討した．

$\lambda$ がガンマ分布に従う場合，取引の発生間隔 $\Delta t_i$ は，逆ガンマ分布に従い，$\lambda$ が逆ガンマ分布に従う場合，取引の発生間隔 $\Delta t_i$ は，ガンマ分布に従うことは容易にわかる．これらの分布について，Shibata (2006) と同様の方法で，それぞれの分布をもとにクラスタに区分したのち，各々の分布で適合度の違いを調べる．

本研究で扱うモデルは，Barndorff-Nielsen (1977) による，GH 分布 (Generalized Hyperbolic 分布) を用いた砂粒の大きさの分布を調査した論文，Madan and Seneta (1990) による，株価リターンの系列 $x_i$ のボラティリティがガンマ分布に従う仮定の下，$x_i$ がその正規尺度平均混合である VG 分布 (Variance Gamma 分布) に従うことを調査した論文，また，増田 (2002) による，ボラティリティの分布とその正規尺度平均混合の関係をまとめた論文が基礎となる．

これらの論文から技術的な側面を取り入れることで，Shibata (2006) のモデルの拡張を試みる．

以下の表では，発生間隔 $\Delta t_i$ が上段の分布に従う時，その対数取引価格差を発生間隔の平方根で除したときの系列 $\frac{x_i}{\sqrt{\Delta t_i}}$ が正規分布に従う仮定の下，$x_i$ の理論分布が従う分布を示している (表6-1参照)．以下では，発生間隔 $\Delta t_i$ の分

**表 6-1** Shibata (2006) モデルと本研究モデルの比較

| 取引発生間隔 $\{\Delta t_i\}$ | 指数分布 | 逆ガンマ分布 | ガンマ分布 | GIG 分布 |
|---|---|---|---|---|
| 正規尺度平均混合 $\{x_i\}$ | ラプラス分布 | $t$ 分布 | VG 分布 | GH 分布 |

布，$x_i$ の理論分布の順で，調査に用いる分布の密度関数を確認する．

まず, $\lambda$ が ガンマ分布に従う場合については, $\Delta t_i$ は, 逆ガンマ分布 $Ga^{-1}(\alpha,\beta)$ に従うので，その密度関数は,

$$f(\Delta t_i) = \frac{\beta^{\alpha}\Delta t_i^{-\alpha-1}}{\Gamma(\alpha)}\exp\left(-\frac{\beta}{\Delta t_i}\right)$$

となる．

$\Delta T = \Delta t_i\sigma^2$ とおいて，$\frac{x_i}{\sqrt{\Delta T}}$ が，正規分布 $N(0,1)$ に従うと仮定すると，$x_i$ の理論分布は，$t$ 分布 $st(0, \frac{\beta\sigma^2}{\alpha}, 2\alpha)$ に従い，その密度は以下となる．

$$f(x_i) = \frac{\Gamma(\alpha+\frac{1}{2})}{\Gamma(\alpha)\sqrt{2\pi\beta\sigma^2}}\left(1+\frac{x_i^2}{2\beta\sigma^2}\right)^{-\alpha-\frac{1}{2}}$$

同様に，$\lambda$ が，逆ガンマ分布に従う場合については，$\Delta t_i$ は，ガンマ分布 $Ga(\alpha,\beta)$ に従うので，その密度関数は,

$$f(\Delta t_i) = \frac{\beta^{\alpha}\Delta t_i^{\alpha-1}}{\Gamma(\alpha)}\exp(-\beta\Delta t_i)$$

となる．

$\Delta T = \Delta t_i\sigma^2$ とおいて，$\frac{x_i}{\sqrt{\Delta T}}$ が，正規分布 $N(0,1)$ に従うと仮定すると $x_i$ の理論分布は，VG 分布 $VG(\alpha, \frac{\sqrt{2\beta}}{\sigma})$ に従いその密度は以下となる．

$$f_{VG}(x_i) = \left(\frac{\beta}{\sigma^2}\right)^{\frac{1}{2}(\alpha+\frac{1}{2})}\frac{2^{\left(-\frac{\alpha}{2}+\frac{3}{4}\right)}}{\sqrt{\pi}\Gamma(\alpha)}|x_i|^{\alpha-\frac{1}{2}}K_{\alpha-\frac{1}{2}}\left(\frac{\sqrt{2\beta}}{\sigma}|x_i|\right)$$

次節以下では，$\Delta t_i$ の分布をもとに，Shibata (2006) と同様のクラスタ分けを行い，それぞれのモデルの当てはまりを確認する．

## 4　先行研究と提案モデルとの比較

本節では，Shibata (2006) のモデルと本研究で拡張したガンマ分布と逆ガン

マ分布の2つのモデルを用い，2010年5月6日(GMT)でのフラッシュクラッシュ前後のデータに対するモデルの当てはまり具合を比較した結果を述べる．

具体的には，Shibata (2006) のモデルと本研究のモデルは，個々の取引発生に対して独立性を仮定しているので，まず，Ljung-Box 検定により，各クラスタ内での自己相関の有無も確認する．その後，各クラスタへの確率分布の適合度をQQプロット及び，コルモゴルフ・スミルノフ検定(以下，KS検定)で確認する．

### 4.1 使用するデータ

分析に用いたTickデータは，EBS社による2010/5/5 21:00:00〜2010/5/6 21:00:00 (GMT)の期間の 下限0.1秒単位で発生したドル円(USD/JPY)の約定取引データ(level5)であり，全部32727レコードからなる．[5]．この期間は，米国のS&P500先物の流動性供給が瞬間的に壊れて大暴落したフラッシュクラッシュの時間帯[6]を含んでいる．

図6-1は，フラッシュクラッシュの発生した2010/5/6のUSD/JPYとその時間帯の取引発生回数の時系列推移を示したものとなる．実時間に沿ったUSD/JPYの推移(縦軸右：円)と共に，約定取引回数(縦軸左：回数)の推移を示している．図からを見てわかるように，暴落の影響が為替にも波及し相場が動くとき，その取引発生回数も大きく増加する傾向が見て取れる．

本研究の分析では，USD/JPY為替約定取引データの約定の発生した時間，約定価格(売り買いは区別せず合算)をもとに，取引発生間隔と対応する対数取引価格差を取得し，Shibata (2006) モデルと本研究のモデルに当てはめ，その適合の良さを比較する[7]．

---

5) 日本時間(JST)では2010/5/6 06:00:00〜2010/5/7 06:00:00，ニューヨーク夏時間(EDT)では2010/5/5 17:00:00〜2010/5/6 17:00:00に対応．

6) フラッシュクラッシュは，一般に2010/5/6 18:30〜18:45 (GMT)の時間帯を指す．尚，本研究では，モデルの当てはめのみに焦点をあてており，フラッシュクラッシュの内容そのものには立ち入らない．

7) 少数のデータを使用したことで過度に当てはまりが良く見えることを防ぐためと，パラメータ推計でエラーを出さずに推計するため，クラスタへの区分に際して，70 ticksを最小のクラスタの要素数とした．

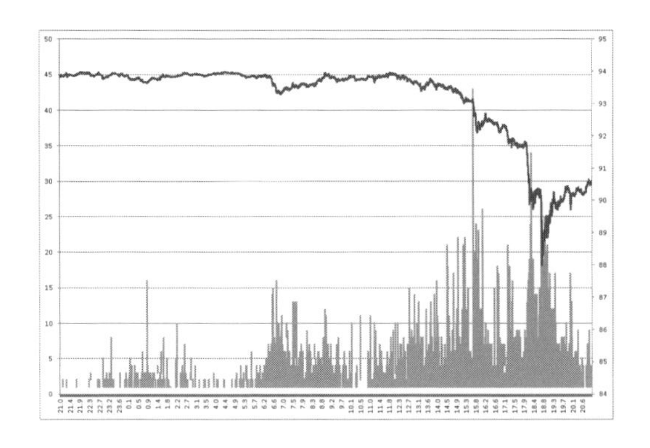

図 6-1　フラッシュクラッシュの発生した 2010/5/6 の USD/JPY とその取引発生回数の時系列推移：図は実時間に沿った USD/JPY の推移 (破線)(縦軸右:円) と共に，約定取引回数 (縦軸左回数) の推移を示したもの

## 4.2　クラスタ内での独立性の確認

クラスタの分割は尤度比検定の有意水準に依存する．今回の分析では，Shibata (2006) を踏襲し，Shibata (2006) による指数分布，本研究による逆ガンマ分布，ガンマ分布の各モデルの下でのクラスタ (以下，指数クラスタ, 逆ガンマクラスタ，ガンマクラスタとよぶ) 各々について，有意水準 3%で分割を行うことで，Shibata (2006) のモデルと本研究のモデルの性能を比較することとした．

各モデルの $\Delta t_i$ は独立性を仮定していることから，まず，得られた指数クラスタ，逆ガンマクラスタ，ガンマクラスタについて，Ljung-Box 検定による自己相関の有無を調べた．結果は，有意水準 1% では，指数クラスタの 93.8% で，本研究のモデルの逆ガンマクラスタの 94.7% で，本研究のモデルのガンマクラスタの 92.4% で，自己相関を有しないという帰無仮説を棄却しなかった．一方，全データに Ljung-Box 検定を実施すると，有意水準 1% では, 自己相関を有しないという帰無仮説を棄却し，自己相関が存在する結果になる．適当なクラスタに分割することで取引発生間隔の自己相関はほぼ解消されることから，以後，$\Delta t_i$ では，クラスタ内で独立であるものとして議論を進める．

## 4.3　QQ プロットへの当てはめ

本節では，平常時とフラッシュクラッシュ前後の異常時の時間帯で，指数クラスタ，逆ガンマクラスタ，ガンマクラスタから，比較的似通った時間帯を任

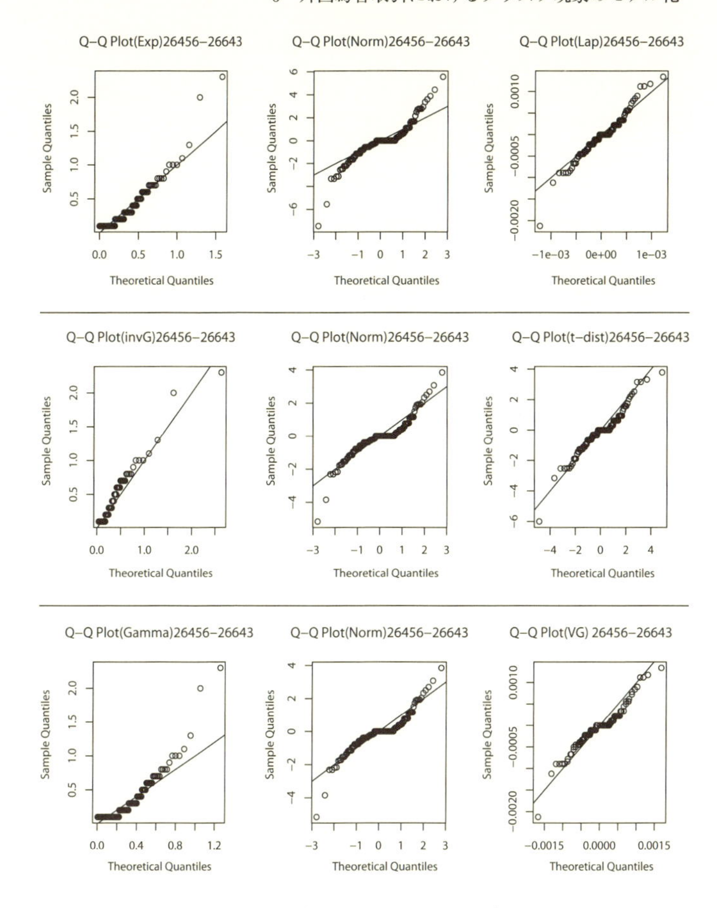


**図 6-2** 2010/5/6 18 時 44 分 40 秒から 18 時 45 分 30 秒 (GMT) のフラッシュクラッシュ終了まじかの Tick の系列 (26456 から 26643 の 188Tick) で当てはまりを比較したもの．それぞれ上から順に指数クラスタ，逆ガンマクラスタ，ガンマクラスタでモデル化した場合，左から順に約定間隔 $\{\Delta t_i\}$，基準化データ $\{\frac{x_i}{\sqrt{\Delta t_i}}\}$，対数取引価格差 $\{x_i\}$ の QQ プロット．

意に抽出し，QQ-プロットを通じて各モデルの確率分布への当てはまりを視覚的に比較する．

図 6-2 は，2010/5/6 18 時 44 分 40 秒から 18 時 45 分 30 秒 (GMT) のフラッシュクラッシュ終了直後のデータについて，クラスタは無視して，各モデルに従うとして区分したクラスタ内に共通に入っていた Tick の系列 (2010/5/5 21

時の約定から数えて，26456 番目から 26643 番目の 188Tick のデータ) で当てはまりを比較したものとなる．

それぞれ上から順に，$\{\Delta t_i\}$ を指数クラスタ，逆ガンマクラスタ，ガンマクラスタでモデル化した場合を示している．左の列は，上から順に，$\{\Delta t_i\}$ と指数分布，逆ガンマ分布，ガンマ分布をそれぞれ比較した QQ プロット，中央の列は,$\{\frac{x_i}{\sqrt{\Delta t_i \sigma_1^2}}\}$ と標準正規分布を比較した QQ プロット，右の列は，上から順に，リターン $\{x_i\}$ と各クラスタ区分に用いたモデルの正規尺度平均混合であるラプラス分布，$t$ 分布，VG 分布を比較した QQ プロットとなる [8)]．

この区間では，指数クラスタ，ガンマクラスタでのモデル化は適合があまり良くないが，逆ガンマクラスタでのモデル化では適合の良さが見て取れる．正規尺度平均混合とリターン $\{x_i\}$ の QQ プロットでも，比較的当てはまりが良いものが多い．

次の 3 つの図は，異なる時間帯で，似通った時点のクラスタを比べたものとなる．図 6-3 は，2010/5/6 13 時頃 (GMT) フラッシュクラッシュ前の平常時のデータ，図 6-4 は，2010/5/6 18 時 30 分頃 (GMT) フラッシュクラッシュ発生時のデータ，図 6-5 は，2010/5/6 18 時 54 分頃 (GMT) フラッシュクラッシュ終了後のデータに対応する [9)]．

約定間隔 $\{\Delta t_i\}$ の QQ プロットは，どの時間帯でも，逆ガンマクラスタの当てはまりは良くない．一方で，図 6-3 では指数分布の一般化であるガンマ分布への当てはまりが良い．図 6-4 では指数分布とガンマ分布への当てはまりが良い．図 6-5 では，どの分布もあまり良い当てはまりとはいえない．

正規尺度平均混合とリターン $\{x_i\}$ の QQ プロットでは，図 6-4 と図 6-5 の異常時，異常時後で比較的当てはまりが良いものが多い．一方で，図 6-3 に見るように，平常時は，データの値が離散的に 5 点程度にばらけた離散分布となるため，必ずしも良い当てはまりとはいえない．

---

8) $t$ 分布だけデータの尺度が違うのは，$t$ 分布では標準偏差で基準化したデータを当てはめたことによるもの．また，指数クラスタでは，ラプラス分布の $\alpha$ を推計後に正規分布の標準偏差を求めたが，ガンマ分布と逆ガンマ分布では正規分布から標準偏差を求めたのち，正規尺度平均混合のパラメータを求めている．R とそのパッケージを使用した推計となる．ガンマ分布と逆ガンマ分布のパラメータはニュートン法 (unitroot) で求めることができる．

9) この 3 例は共通の時点ではなく概ね共通する時点のクラスタ同士を比較している．

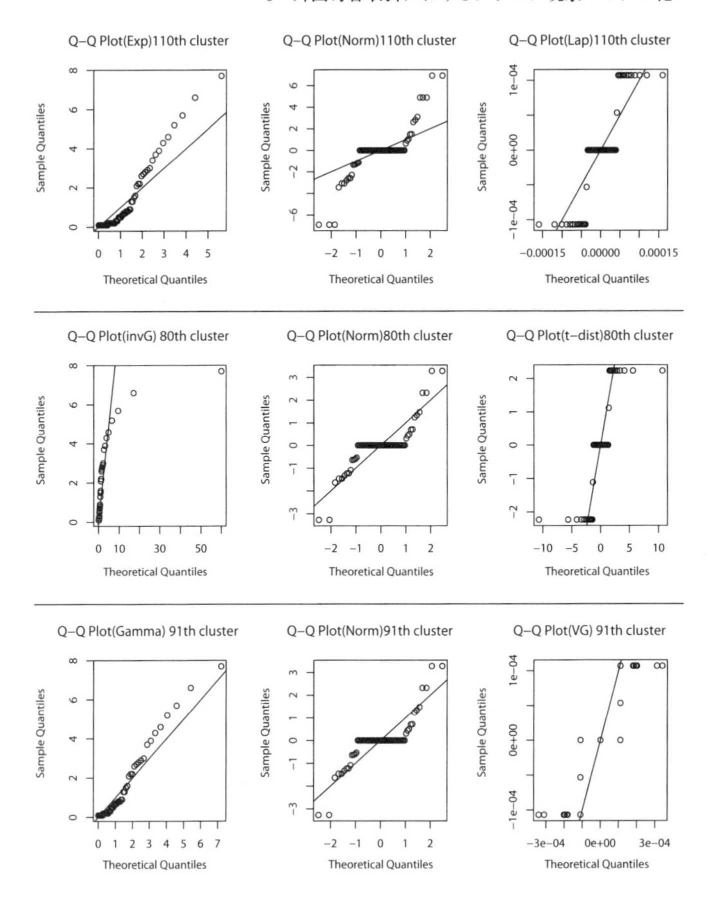


図 6-3　2010/5/6 13 時頃 (GMT) フラッシュクラッシュ前の平常時のデータに対応．それぞれ上から順に指数クラスタ，逆ガンマクラスタ，ガンマクラスタでモデル化した場合，左から順に約定間隔 $\{\Delta t_i\}$，基準化データ $\{\frac{x_i}{\sqrt{\Delta t_i}}\}$，対数取引価格差 $\{x_i\}$ の QQ プロット．

この 3 つの図に見るように，逆ガンマクラスタでモデル化した場合に，その形状が上の方に飛び出て当てはまりが悪くなってしまうものが多数あった．一方で，ガンマクラスタでモデル化した場合の当てはまりが良いものは多数あったが，全ての時点で当てはまりの良いモデルは見つけられなかった．

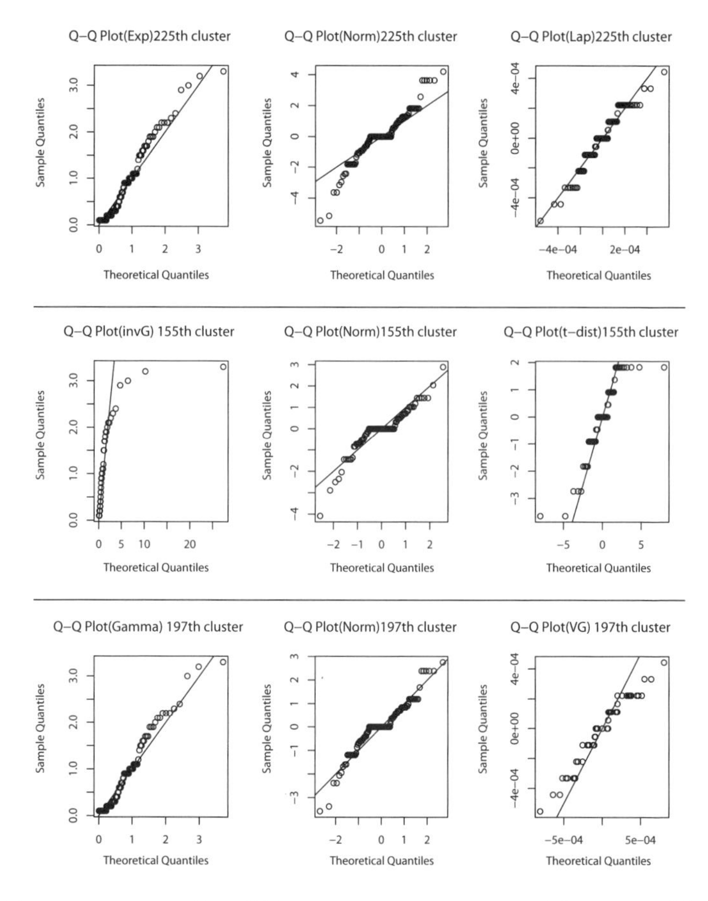


図 **6-4** 2010/5/6 18 時 30 分頃 (GMT) フラッシュクラッシュ直前のデータに対応. それぞれ上から順に指数クラスタ, 逆ガンマクラスタ, ガンマクラスタでモデル化した場合, 左から順に約定間隔 $\{\Delta t_i\}$, 基準化データ $\{\frac{x_i}{\sqrt{\Delta t_i}}\}$, 対数取引価格差 $\{x_i\}$ の QQ プロット.

## 4.4 コルモゴルフ-スミルノフ検定を用いた比較

この節では, KS 検定での比較を試みる. 今回のデータはタイのデータを多く含むので, 正しい p 値は計算することはできないが, 当てはまりの良し悪しの傾向を示すために, 参考値として p 値を掲載する.

表 6-2 は, Shibata (2006) のモデルと本研究のモデルで KS 検定の適合の割合を探索した結果である. KS 検定での棄却域の有意水準は 1%と 10%を用い

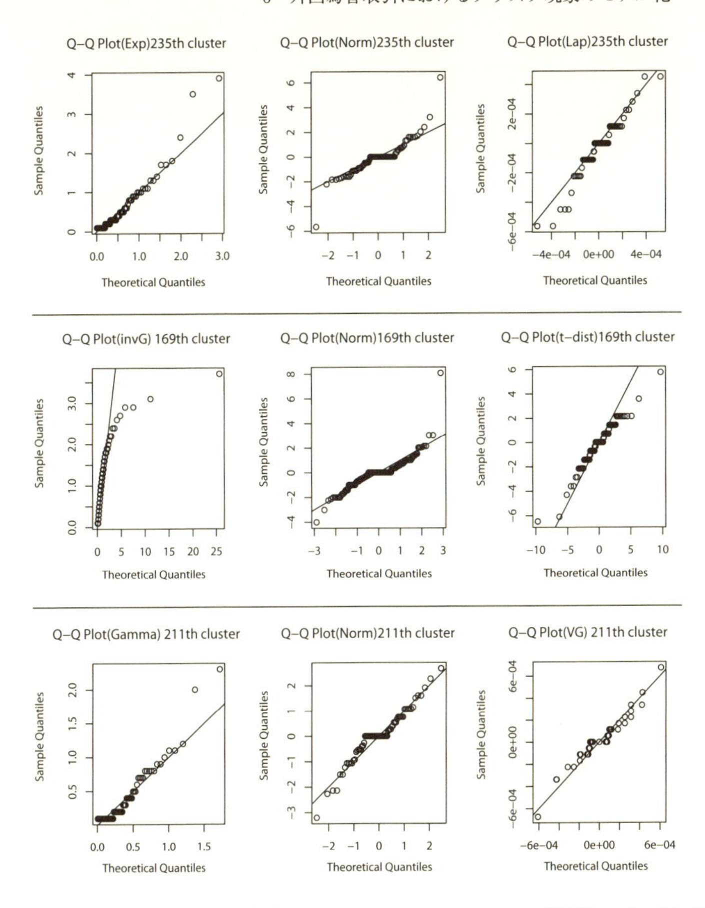


**図 6-5**　2010/5/6 18 時 54 分頃 (GMT) フラッシュクラッシュ終了後のデータに対応．それぞれ上から順に指数クラスタ，逆ガンマクラスタ，ガンマクラスタでモデル化した場合，左から順に約定間隔 $\{\Delta t_i\}$，基準化データ $\{\frac{x_i}{\sqrt{\Delta t_i}}\}$ 対数取引価格差 $\{x_i\}$ の QQ プロット．

て，各クラスタ内のデータと理論分布の相違が棄却できなかった場合を 1 とカウントして，全クラスタ数で除した値を記載している[10]．

指数クラスタについては，1%の棄却域では $\Delta t_i$ が指数分布に従う適合割合は 12.7% であったが，10%の棄却域に広げると 適合割合は 2.2% まで減少し

10)　同一分布となる帰無仮説なので，棄却域が狭いほど，同一分布と受容されやすくなる点に留意する．

**表 6-2** KS 検定での適合割合の比較 (10% 有意水準と 1% 有意水準)

| 10% | $\Delta_{t_i}$ | $x_i/\sqrt{\Delta_{t_i}}$ | $x_i$ |
|---|---|---|---|
| EXP | 2.2 | 0.0 | 0.0 |
| INVGAMMA | 2.6 | 2.0 | 1.5 |
| GAMMA | 19.3 | 0.0 | 0.0 |
| 1% | $\Delta_{t_i}$ | $x_i/\sqrt{\Delta_{t_i}}$ | $x_i$ |
| EXP | 12.7 | 0.4 | 0.4 |
| INVGAMMA | 18.5 | 3.6 | 3.6 |
| GAMMA | 38.1 | 0.0 | 0.0 |

た．逆ガンマクラスタでは，1%の棄却域では $\Delta t_i$ が逆ガンマ分布に従う適合割合は 18.5%，10%の棄却域での適合割合は 2.6% となった．ガンマクラスタでは，1%の棄却域では $\Delta t_i$ がガンマ分布に従う適合割合は 38.1%，10%の棄却域での適合割合は 19.3% となった．以上，$\Delta t_i$ については，逆ガンマ分布に従うモデル，ガンマ分布に従うモデル共に，指数分布に従う場合よりも高い適合割合を示した．

KS 検定では，本研究の逆ガンマ分布は，Shibata (2006) での指数分布との比較では，適合割合が改善したが，先に見た QQ プロットでは，理論値が，観測値と大きくなり，外れ値で大きく縦から横に折れ曲がっていた．今回の異常時，取引頻度が平常時より高くなり，中央値付近に離散的なデータが集中していた．このような中央値付近でのデータの影響を受けて得られるパラメータによって，逆ガンマ分布では，KS 検定で適合割合が改善したが，外れ値では理論値との乖離が激しくなり，QQ プロットでは，当てはまりが悪くなるという現象が生じたと考える．

$\frac{x_i}{\sqrt{\Delta t_i}}$ と $x_i$ の KS 検定での当てはまりはどのモデルも非常に悪かった．$\frac{x_i}{\sqrt{\Delta t_i}}$ と $x_i$ の当てはまりはあまりが著しく悪くなった理由は，為替レートが下 2 桁 0.01 単位から 3 桁 0.005 単位で表示されるのに対し，タイムスタンプのみが，Shibata (2006) での 3 秒間隔から，0.1 秒間隔 (EBS level5) に改善したことが理由と考える．

以上，$\Delta t_i$ に関しては，本研究のモデルの方が，Shibata (2006) のモデルよりも KS 検定の適合割合は高くなっており，約定発生の頻度の適合が向上していることがわかる．特に，Shibata (2006) での指数分布の一般化となるガンマ分布での当てはまりの向上が読み取れる．$\lambda$ を動かすモデルで発生頻度を捉え

ることは $\Delta t_i$ の動きを捉えるうえで有効である結論を得た.

## 5 GIG 分布による一般化とその考察

今まで見た Shibata (2006) のモデル, 及び本研究のモデルは, 全て GIG (Generalized Inverse Gaussian) 分布の特殊例となる. 発生間隔 $\Delta t_i$ が GIG 分布に従うとした場合の密度関数と, 発生間隔での対数取引価格差を発生間隔の平方根で除した系列 $\frac{x_i}{\sqrt{\Delta t_i}}$ が標準正規分布に従う仮定の下での $x_i$ の理論分布である GH (Genearalized Hyperbolic) 分布 (表 6-1 参照) の密度関数を示すと以下のようになる.

$\Delta t_i$ が, GIG 分布に従うとする. そのとき, 密度関数は,

$$f_{GIG}(\Delta t_i;\delta,\gamma,\lambda)=\frac{(\Delta t_i)^{\lambda-1}}{2K_\lambda(\delta\gamma)}\left(\frac{\gamma}{\delta}\right)^\lambda\exp\left(-\frac{1}{2}\left(\delta^2(\Delta t_i)^{-1}+\gamma^2\Delta t\right)\right)$$

となる.

$\Delta T=\Delta t_i\sigma^2$ とおいて, $\frac{x_i}{\sqrt{\Delta T}}$ が, 正規分布 $N(0,1)$ に従うと仮定すると, $x$ の分布は, GH 分布 (本研究では左右対称の分布を仮定) となり, その密度関数は以下で与えられる.

$$f_{GH}(x_i;\delta,\gamma,\lambda)=\frac{\gamma^{2\frac{\lambda}{2}}(\sqrt{(}\delta^2+x_i^2))^{\lambda-\frac{1}{2}}}{\sqrt{2\pi}\gamma^{\lambda-\frac{1}{2}}\delta^\lambda K_\lambda(\delta\gamma)}K_{\lambda-\frac{1}{2}}(\gamma\sqrt{(}\delta^2+x_i^2))$$

ここで, $K_n(\cdot)$ は, 第 3 種のベッセル関数を表す.

$\lambda<0$ の時, GIG 分布のパラメータ $\gamma^2$ が 0 に近づくならば, GIG 分布は逆ガンマ分布に収束し, GH 分布は $t$ 分布に収束する. また, $\lambda>0$ の時, GIG 分布のパラメータ $\delta^2$ が 0 に近づくならば, GIG 分布はガンマ分布に収束し, GH 分布は VG 分布に収束する. 更に, この条件の下で, $\lambda=1$ を仮定するとき, GIG 分布は指数分布に収束し, GH 分布は, ラプラス分布に収束する (Barndorff-Nielsen (1977), Madan and Seneta (1990), 増田 (2002)). このことから, Shibata (2006) のモデル, 及び本研究のモデルは, 全て GIG 分布と GH 分布の関係の特殊例となる.

本研究のモデルはQQプロットやKS検定を通じたモデルの検証ではShibata (2006) よりも良い結果を示していた. しかし, クラスタの全てにおいて, 同じ分布の当てはまりが良いということはなかった. 本研究の最後では, 3つのモデルの一般化となるGIG分布の下でクラスタ分けしたとき, 約定間隔 $\{\Delta t_i\}$ とGIG分布, $\{\frac{x_i}{\sqrt{\Delta t_i}}\}$ と標準正規分布, $\{x_i\}$ と正規尺度平均混合でのQQプロットへの当てはまりを見たのち, GIGへ各クラスタのデータを当てはめた場合のパラメータを観察することで, どのような時間帯にどのような分布に当てはまりやすかったかを概観する.

図6-6は, 2010/5/6 13時頃(GMT)フラッシュクラッシュ前の平常時のデータであり図6-3と対応する. 図6-7は, 2010/5/6 18時30分頃(GMT)フラッシュクラッシュ発生時のデータであり図6-4と対応する. 図6-8は, 2010/5/6 18時54分頃(GMT)フラッシュクラッシュ終了後のデータであり図6-5と対

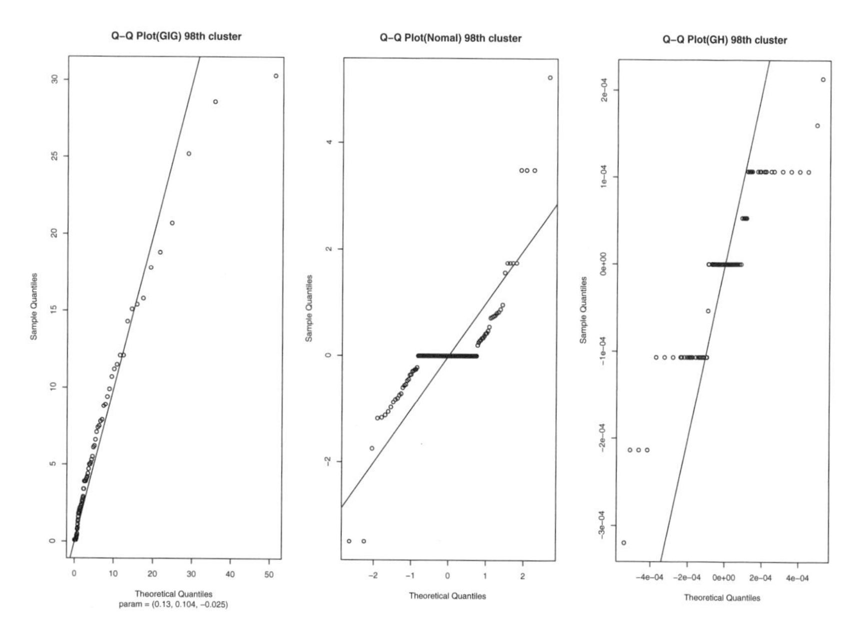


**図6-6** 図6-3と対応. 2010/5/6 13時頃(GMT)フラッシュクラッシュ前の平常時のデータに対応. GIGによるクラスタでモデル化した場合の左から順に約定間隔 $\{\Delta t_i\}$, 基準化データ $\{\frac{x_i}{\sqrt{\Delta t_i}}\}$, 対数取引価格差 $\{x_i\}$ のQQプロット.

応する．GIG クラスタでモデル化し，上から順に約定間隔 $\{\Delta t_i\}$ と GIG 分布，$\{\frac{x_i}{\sqrt{\Delta t_i}}\}$ と標準正規分布，対数取引価格差 $\{x_i\}$ と正規尺度平均混合の QQ プロットを表している．

GIG クラスタの下で区分したクラスタから得られる約定間隔 $\{\Delta t_i\}$ の QQ プロットは，若干の外れ値はあるものの，どの時間帯でも，概ね当てはまりは良く見える．

対数取引価格差 $\{x_i\}$ と正規尺度平均混合 GH 分布との QQ プロットは，ラプラス分布，$t$ 分布，VG 分布での QQ プロットの結果と同様に，異常時を示す図 6-7，図 6-8 では，比較的，良く当てはまっているように見える．一方で，平常時を示す図 6-6 ではデータの値が離散的に 5 点程度にばらけてしまうため，GH 分布でも，必ずしも良い当てはまりとはいえない．

次に，GIG へ各クラスタのデータを当てはめた場合のパラメータを観察する

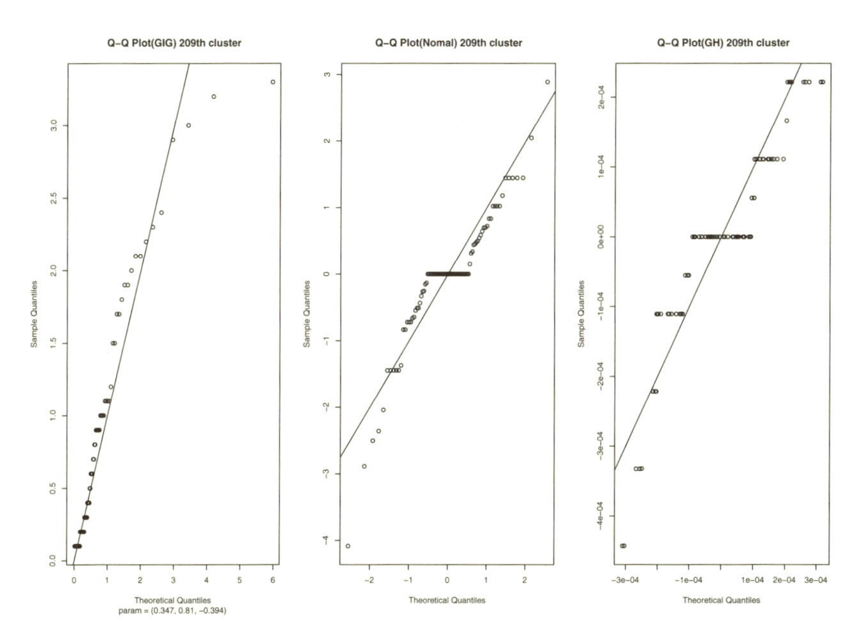


**図 6-7**　図 6-4 に対応．2010/5/6 18 時 30 分頃 (GMT) フラッシュクラッシュ直前のデータに対応．GIG によるクラスタでモデル化した場合の左から順に約定間隔 $\{\Delta t_i\}$，基準化データ $\{\frac{x_i}{\sqrt{\Delta t_i}}\}$，対数取引価格差 $\{x_i\}$ の QQ プロット．

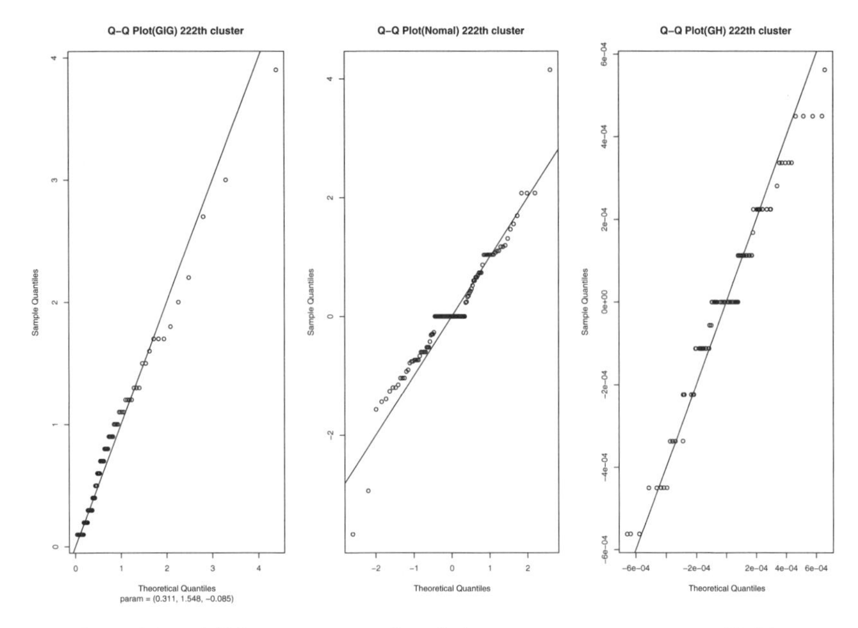


**図 6-8**　図 6-5 と対応．2010/5/6 18 時 54 分頃 (GMT) フラッシュクラッシュ終了後のデータに対応．GIG によるクラスタでモデル化した場合の，左から順に約定間隔 $\{\Delta t_i\}$，基準化データ $\{\frac{x_i}{\sqrt{\Delta t_i}}\}$，対数取引価格差 $\{x_i\}$ の QQ プロット．

ことで，時間帯に応じた分布の当てはまりを概観する．

図 6-9 は，2010/5/5 21 時から 2010/5/6 21 時 (GMT) の USD/JPY の推移とクラスタ区分で得られた GIG パラメータの推移を示したものとなる．上から順に，$\delta^2$，$\gamma^2$，$\lambda$ の推移を USD/JPY の推移とともに示している．

図 6-9 においての $\delta^2$，$\gamma^2$，$\lambda$ の各パラメータの値は平常時には比較的安定しているが，相場が荒れてくると大きく変動する傾向が見て取れる．特に，図 6-1 と見比べると，$\gamma^2$，$\delta^2$ はともに，単位時間内の取引回数と似通った動きをしており，単位時間内の取引回数が増加する時間帯では大きな値となる傾向が見て取れる．一方で，フラッシュクラッシュ前の単位時間内の取引回数が安定的に推移する時間帯には，概ね $\gamma^2$ は 0.05 から 0.35 の範囲，$\delta^2$ も 0.05 から 0.35 の範囲，$\lambda$ は $\pm 0.5$ の範囲と，各々小さい値の範囲で推移する傾向が見て取れる．このような時間帯は，$\gamma^2$ や $\delta^2$ が小さく，$\lambda$ が小さな範囲で正負の値を移り変

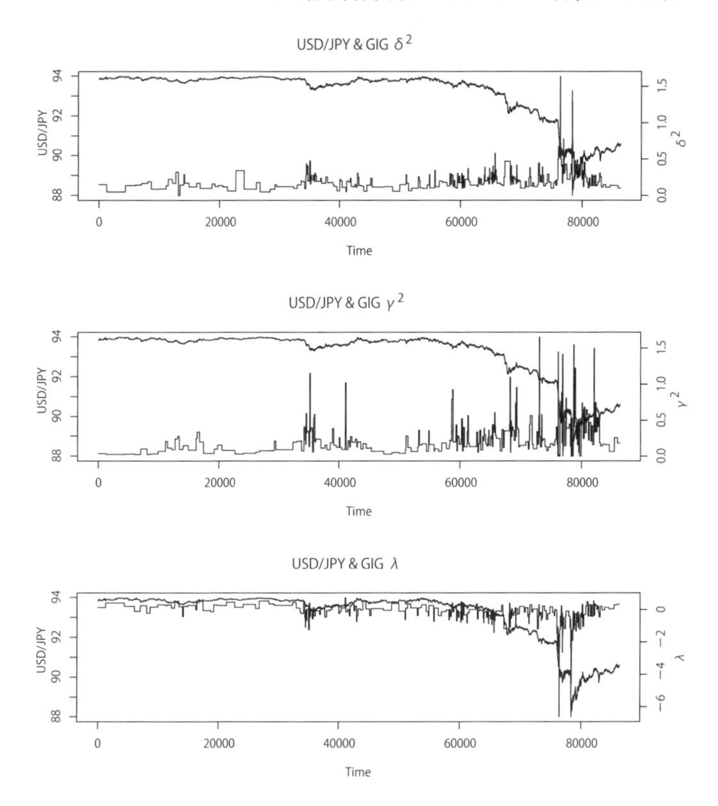


図 **6-9** 2010/5/5 21 時から 2010/5/6 21 時 (GMT) の USD/JPY と GIG パラメータの推移.

わる中，比較的似通った分布が推移していたことが見て取れる.

また，平常時は小さな範囲で正負の値を行き来していた $\lambda$ は，相場が荒れて，約定頻度が特に密になった時間帯で大きな負値を取る傾向があった．特にフラッシュクラッシュの中で大きな負値となっている．この時間帯の $\gamma^2$ や $\delta^2$ は概ね大きいが，中には $\gamma^2$ が 0 に近くなり，逆ガンマ分布となる例もいくつか生じていた.

## 6 ま と め

本研究では，同一クラスタにおける為替取引の発生が $\lambda$ 一定のポアソン過程に従うという Shibata (2006) の仮定を緩め，同一クラスタ内で $\lambda$ がガンマ分布に従う場合 ($\Delta t_i$ が逆ガンマ分布に従う場合) と逆ガンマ分布 ($\Delta t_i$ がガンマ分布に従う場合) に従う場合での複合ポアソン過程の仮定をおき，取引発生の時間間隔と為替レートの関係性の再構築を試みた．

Shibata (2006) のモデルと本研究のモデルでの当てはめ，QQ プロットで結果を比較したところ，Shibata (2006) のモデルの当てはめよりも本研究のモデルの当てはまりが改善していた．特に，$\Delta t_i$ がガンマ分布に従うモデルでの改善が見られた．更に 3 つのモデルを特殊例として含む GIG 分布に当てはめたところ，Shibata (2006) のモデル及び本研究のモデルよりも高い当てはまりを示した．パラメータ推計が 困難になり時間がかかる，近似を使うので正確な値から離れる場合があるなどの欠点を除けば，$\Delta t_i$ の挙動を GIG 分布で捉えることで，モデルの制度はより向上する．ただし，QQ プロットで見る限り，差はそれほど大きくはないので，扱いやすさから考えると，他の 3 つのモデルでも十分だと思われる．

今後の課題としては，$\frac{x_i}{\sqrt{\Delta t_i}}$ と $x_i$ の当てはまりの向上が考えられる．Shibata (2006) のモデルでは 3 秒間隔のタイムスタンプでの価格から対数取引価格差を集計しモデルに当てはめていた．これに対し，本研究のモデルでは 0.1 秒間隔のタイムスタンプでの価格から対数取引価格差を集計しモデルに当てはめた．データとして得られる JPY/USD の呼び値が小数点以下 2 位から 3 位での 0.005 単位と変わらない中で，タイムスタンプの間隔のみが短縮すると，約定間隔と価格の変動の見え方に，大きな違いが生じてくる．Shibata (2006) のモデルでみられた約定間隔と対数取引価格差の整合性のある関係性が，データの呼び値単位との間にどのような関連をもたらしているのかは今後の調査としたい．

この他，本研究では，クラスタ間の関係を扱わない Shibata (2006) の仮定を受け，取引発生間隔と為替レートとの関係にのみ焦点をあててモデル化を行ってきたため，クラスタ間の関係についての分析は行っていない．これについても今後の課題としたい．

〔参考文献〕

Andrews, D. F. and Mallows, C. L. (1974), “Scale Mixtures of Normal Distributions," J. R. Statist., Soc. B36, 99-122.

Barndorff-Nielsen, O. E. (1977), "Exponentially Decreasing Distributions for the Logarithm of Particle Size," Proceedings of the Royal Society of London. Series A, Mathematical and Physical Sciences, 353, 401-419.

Barndorff-Nielsen, O. E., Kent, J. and Sorensen, M. (1982), "Normal Variance-Mean Mixtures and z Distributions," International Statistical Review, 50(1982), 145-159.

Easley, D., Kiefer, N. M., O'Hara, M. and Paperman, J. B. (1996), "Liquidity, Information, and Infrequently Traded Stocks," The Journal of Finance, Vol 51, Issue 4 (Sep., 1996), 1405-1436.

Engle, R. F. (2000), "The econometrics of ultra-high-frequency data," Econometrica, Vol.68, No.1, 122.

Evans, M. D. (2002), "FX Trading and Exchange Rate Dynamics," The Journal of Finance, Vol.57, No.6 (Dec., 2002), 2405-2447.

Hawkes, A. G. (1971), "Spectra of some self-exciting and mutually exciting point processes," Biometrika, 58: 83-90.

Hawkes, A. G. and Oakes, D. (1974), "A cluster process representation of a self-exciting point process," J. Appl. Probab., 11: 493-503.

Madan, D. B. and Seneta, E. (1990), "The Variance Gamma (V.G.) Model for Share Market Returns," Journal of Business, 63, 511-524.

Ogata, Y. (1999), "Seismicity analysis through point-process modeling: A review," Pure and Applied Geophysics, Vol.155, 471-507.

Sazuka, N. (2007), "On the gap between an empirical distribution and an exponential distribution of waiting times for price changes in a financial market," Physica A: Statistical Mechanics and its Applications, 376, 500-506.

Shibata, R. (2006), "Modelling FX new bid prices as a clustered marked point process," COMPSTAT 2006 - Proceedings in Computational Statistics: 17th Symposium Held in Rome, Italy, Physica, pp.1565-1572.

井上純一 (2008)，相互作用するミクロなトレーダ群のマクロな振る舞い，日本神経回路学会誌 The Brain & neural networks 15(4), 272-288.

加藤俊康・丸茂幸平 (1999)，市場取引発生タイミングに関する実証分析，IMES Discussion Paper, No.99, J-27 日本銀行金融研究所.

杉原慶彦 (2011)，執行戦略と取引コストに関する研究の進展，IMES Discussion

Paper, No.2011-J-12 日本銀行金融研究所.
増田弘毅 (2002), GIG 分布と GH 分布に関する解析, 統計数理研究所論文誌　統計数理　第 50 巻 第 2 号 165-199.
松永健太・山田健太・高安秀樹・高安美佐子 (2012), スプレッドディーラーモデルの構築とその応用, ファイナンスにおける人工知能応用　人工知能学会論文誌 27(6), 365-375.

（佐久間吉行：一橋大学大学院国際企業戦略研究科後期博士課程）
（横内大介：一橋大学大学院国際企業戦略研究科）

# 『ジャフィー・ジャーナル』投稿規定

1. 『ジャフィー・ジャーナル』への投稿原稿は，金融工学，金融証券計量分析，金融経済学，行動ファイナンス，企業経営分析，コーポレートファイナンスなど資本市場と企業行動に関連した内容で，理論・実証・応用に関する内容を持ち，未発表の和文の原稿に限ります．
2. 投稿原稿は，以下の種とします．
   (1) 一般論文（Regular Contributed Papers）
   ジャフィーが対象とする広い意味でのファイナンスに関連するオリジナルな研究成果
   (2) 特集論文（Special Issue Papers）
   ジャフィー・ジャーナル各号で特集として設定されたテーマに関連するオリジナルな研究成果
3. 投稿された原稿は，『ジャフィー・ジャーナル』編集委員会が選定・依頼した査読者の審査を経て，掲載の可否を決定し，本編集委員会から著者に連絡する．
4. 原稿は，PDF ファイルに変換したものを E メールで JAFEE 事務局へ提出する．原則として，原稿は返却しない．なお，投稿原稿には，著者名，所属，連絡先を記載せず，別に，標題，種別，著者名，所属，連絡先（住所，E メールアドレス，電話番号）を明記したものを添付する．
5. 査読者の審査を経て，採択された原稿は，原則として LaTex 形式で入稿しなければならない．なお，『ジャフィー・ジャーナル』への掲載図表も論文投稿者が作成する．
6. 著作権
   (1) 掲載された論文などの著作権は日本金融・証券計量・工学学会に帰属する（特別な事情がある場合には，著者と本編集委員会との間で協議の上措置する）．
   (2) 投稿原稿の中で引用する文章や図表の著作権に関する問題は，著者の責任において処理する．

[既刊ジャフィー・ジャーナル]

① 1995 年版　金融・証券投資戦略の新展開（森棟公夫・刈屋武昭編）
A5 判 176 頁　ISBN4-492-71097-3

② 1998 年版　リスク管理と金融・証券投資戦略（森棟公夫・刈屋武昭編）
A5 判 215 頁　ISBN4-492-71109-0

③ 1999 年版　金融技術とリスク管理の展開（今野　浩編）
A5 判 185 頁　ISBN4-492-71128-7

④ 2001 年版　金融工学の新展開（高橋　一編）
A5 判 166 頁　ISBN4-492-71145-7

⑤ 2003 年版　金融工学と資本市場の計量分析（高橋　一・池田昌幸編）
A5 判 192 頁　ISBN4-492-71161-9

⑥ 2006 年版　金融工学と証券市場の計量分析 **2006**（池田昌幸・津田博史編）
A5 判 227 頁　ISBN4-492-71171-6

⑦ 2007 年版　非流動性資産の価格付けとリアルオプション
（津田博史・中妻照雄・山田雄二編）
A5 判 276 頁　ISBN978-4-254-29009-7

⑧ 2008 年版　ベイズ統計学とファイナンス
（津田博史・中妻照雄・山田雄二編）
A5 判 256 頁　ISBN978-4-254-29011-0

⑨ 2009 年版　定量的信用リスク評価とその応用
（津田博史・中妻照雄・山田雄二編）
A5 判 240 頁　ISBN978-4-254-29013-4

⑩ 2010 年版　バリュエーション（以下，日本金融・証券計量・工学学会編）
A5 判 240 頁　ISBN978-4-254-29014-1

⑪ 2011 年版　市場構造分析と新たな資産運用手法
A5 判 216 頁　ISBN978-4-254-29018-9

⑫ 2012 年版　実証ファイナンスとクオンツ運用
A5 判 256 頁　ISBN978-4-254-29020-2

⑬ 2013 年版　リスクマネジメント
A5 判 224 頁　ISBN978-4-254-29022-6

⑭ 2014 年版　ファイナンスとデータ解析
A5 判 275 頁　ISBN978-4-254-29024-0

⑮ 2015 年版　ファイナンスにおける数値計算手法の新展開
A5 判 196 頁　ISBN978-4-254-29025-7

（①〜⑥発行元：東洋経済新報社，⑦〜⑮発行元：朝倉書店）

# 役 員 名 簿



なお，日本金融・証券計量・工学学会については，以下までお問い合わせください：

〒 105-0004　東京都港区新橋 6-7-9

新橋アイランドビル 3 階　ジャフィー担当

TEL：03-5405-1816 （事務センター代表）

※「ジャフィー」に関する連絡とお伝えください

FAX：03-5405-1814　　E-mail：office@jafee.gr.jp

詳しいことはジャフィー・ホームページをご覧下さい.

http://www.jafee.gr.jp/

# 日本金融・証券計量・工学学会（ジャフィー）会則

1. 本学会は，日本金融・証券計量・工学学会と称する．英語名は The Japanese Association of Financial Econometrics & Engineering とする．略称をジャフィー（英語名：JAFEE）とする．本学会の設立趣意は次のとおりである．

   「**設立趣意**」日本金融・証券計量・工学学会（ジャフィー）は，広い意味での金融資産価格や実際の金融的意思決定に関わる実証的領域を研究対象とし，産学官にわたる多くのこの領域の研究・分析者が自由闊達な意見交換，情報交換，研究交流および研究発表するための学術的組織とする．特に，その設立の基本的な狙いは，フィナンシャル・エンジニアリング，インベストメント・テクノロジー，クウォンツ，理財工学，ポートフォリオ計量分析，ALM，アセット・アロケーション，派生証券分析，ファンダメンタルズ分析等の領域に関係する産学官の研究・分析者が，それぞれの立場から個人ベースでリベラルな相互交流できる場を形成し，それを通じてこの領域を学術的領域として一層発展させ，国際的水準に高めることにある．

   組織は個人会員が基本であり，参加資格はこの領域に興味を持ち，設立趣意に賛同する者とする．運営組織は，リベラルかつ民主的なものとする．

2. 本学会は，設立趣意の目的を達成するために，次の事業を行う．

   (1) 研究発表会（通称，ジャフィー大会），その他学術的会合の開催

   (2) 会員の研究成果の公刊

   (3) その他本学会の目的を達成するための適切な事業

3. 本学会は，個人会員と法人会員からなる．参加資格は，本学会の設立趣旨に賛同するものとする．個人会員は，正会員，学生会員および名誉会員からなる．法人会員は口数で加入し，1 法人 1 部局（機関）2 口までとする．

4. 1) 会員は以下の特典を与えられる．

   (1) 日本金融・証券計量・工学学会誌（和文会誌）について，個人正会員は 1 部無料で配付される．また，法人会員は 1 口あたり 1 部を無料で配付される．

   (2) 英文会誌 Asia-Pacific Financial Markets について，個人正会員は電子ジャーナル版へのアクセス権が無料で付与される．また，法人会員は 1 口あたり冊子体 1 部を無料で配付される．

(3) 本学会が催す，研究発表会等の国内学術的会合への参加については，以下のように定める．

（ア）個人正会員，学生会員，名誉会員とも原則有料とし，その料金は予め会員に通知されるものとする．

（イ）法人会員は，研究発表会については 1 口の場合 3 名まで，2 口の場合 5 名までが無料で参加できるものとし，それを超える参加者については個人正会員と同額の料金で参加できるものとする．また，研究発表会以外の会合への参加は原則有料とし，その料金は予め会員に通知されるものとする．

(4) 本学会が催す国際的学術的会合への参加については，個人正会員，学生会員，名誉会員，法人会員とも原則有料とし，その料金は予め個人正会員，学生会員，名誉会員，法人会員に通知されるものとする．

2) 各種料金については，会計報告によって会員の承認を得るものとする．

5. 学生会員および法人会員は，選挙権および被選挙権をもたない．名誉会員は被選挙権をもたない．
6. 入会にあたっては，入会金およびその年度の会費を納めなければならない．
7. 1) 会員の年会費は以下のように定める．

(1) 関東地域（東京都，千葉県，茨城県，群馬県，栃木県，埼玉県，山梨県，神奈川県）に連絡先住所がある個人正会員は 10,000 円とする．

(2) 上記以外の地域に連絡先住所がある個人正会員は 6,000 円とする．

(3) 学生会員は 2,500 円とする．

(4) 法人会員の年会費は，1 口 70,000 円，2 口は 100,000 円とする．

(5) 名誉会員は無料とする．

2) 入会金は，個人正会員は 2,000 円，学生会員は 500 円，法人会員は 1 口 10,000 円とする．

3) 会費を 3 年以上滞納した者は，退会したものとみなすことがある．会費滞納により退会処分となった者の再入会は，未納分の全納をもって許可する．

8. 正会員であって，本学会もしくは本学界に大きな貢献のあったものは，総会の承認を得て名誉会員とすることができる．その細則は別に定める．
9. 本会に次の役員をおく．

会長 1 名，副会長 2 名以内，評議員 20 名，理事若干名，監事 2 名

評議員は原則として学界 10 名，産業界および官界 10 名とし，1 法人（機関）1 部局あたり 1 名までとする．

10. 会長および評議員は，個人正会員の中から互選する．評議員は，評議員会を組織し

て会務を審議する．

11. 理事は，会長が推薦し，総会が承認する．ただし，会誌編集理事（エディター）は評議員会の承認を得て総会が選出する．理事は会長，副会長とともに第 2 条に規定する会務を執行する．理事は次の会務の分担をする．

    庶務，会計，渉外，広報，会誌編集，大会開催，研究報告会のプログラム編成，その他評議員会で必要と議決された事務．

12. 会長は選挙によって定める．会長は，本学会を代表し，評議員会の議長となる．会長は第 10 条の規定にかかわらず評議員となる．会長は (1) 評議員会の推薦した候補者，(2) 20 名以上の個人正会員の推薦を受けた候補者，もしくは (3) その他の個人正会員，の中から選出する．(1) (2) の候補者については，本人の同意を必要とする．(1) (2) の候補者については経歴・業績等の個人情報を公開するものとする．
13. 副会長は，会長が個人正会員より推薦し，総会が承認する．副会長は，評議員会に出席し，会長を補佐する．
14. 監事は，評議員会が会長，副会長，理事以外の個人正会員から選出する．監事は会計監査を行う．
15. 本学会の役員の任期は，原則 2 年とする．ただし，連続する任期の全期間は会長は 4 年を超えないものとする．なお，英文会誌編集担当理事（エディター）の任期は附則で定める．
16. 評議員会は，評議員会議長が必要と認めたときに招集する．また，評議員の 1/2 以上が評議員会の開催を評議員会議長にこれを要求したときは，議長はこれを招集しなければならない．
17. 総会は会長が招集する．通常総会は，年 1 回開く．評議員会が必要と認めたときは，臨時総会を開くことができる．正会員の 1/4 以上が，署名によって臨時総会の開催を要求したときは，会長はこれを開催しなければならない．
18. 総会の議決は，出席者の過半数による．
19. 次の事項は，通常総会に提出して承認を受けなければならない．
    (1) 事業計画および収支予算
    (2) 事業報告および収支決算
    (3) 会則に定められた承認事項や決定事項
    (4) その他評議員会で総会提出が議決された事項
20. 本学会は，会務に関する各種の委員会をおくことができる．各種委員会の運営は，別に定める規定による．
21. 本学会の会計年度は，毎年 4 月 1 日に始まり，3 月 31 日に終わる．
22. 本学会の運営に関する細則は別に定める．

23. 本会則の変更は，評議員会の議決を経て，総会が決定する.

附則 1. 英文会誌編集担当理事（エディター・イン・チーフ）の任期は 4 年とする.

改正　1999 年 8 月 29 日
改正　2000 年 6 月 30 日
改正　2008 年 8 月 2 日
改正　2009 年 1 月 29 日
改正　2009 年 7 月 29 日
改正　2009 年 12 月 23 日
改正　2013 年 1 月 25 日

## 編集委員略歴


中妻照雄（なかつま　てるお）

1968年生まれ

現　在　慶應義塾大学 経済学部 教授，Ph. D.（経済学）

主　著　『入門ベイズ統計学』（ファイナンス・ライブラリー10），朝倉書店，2007年

『実践ベイズ統計学』（ファイナンス・ライブラリー12），朝倉書店，2013年

山田雄二（やまだ　ゆうじ）

1969年生まれ

現　在　筑波大学 ビジネスサイエンス系 教授，博士（工学）

主　著　『チャンスとリスクのマネジメント』（シリーズ〈ビジネスの数理〉2）［共著］，朝倉書店，2006年

『計算で学ぶファイナンス—MATLABによる実装—』（シリーズ〈ビジネスの数理〉6）［共著］，朝倉書店，2008年

今井潤一（いまい　じゅんいち）

1969年生まれ

現　在　慶應義塾大学 理工学部 教授，博士（工学）

主　著　『リアル・オプション—投資プロジェクト評価の工学的アプローチ—』，中央経済社，2004年

『基礎からのコーポレート・ファイナンス』［共著］，中央経済社，2006年

『コーポレートファイナンスの考え方』［共著］，中央経済社，2013年



ジャフィー・ジャーナル—金融工学と市場計量分析

**リスク管理・保険とヘッジ**　定価はカバーに表示

2017年3月25日　初版第1刷

編　者　日本金融・証券計量・工学学会

発行者　朝　倉　誠　造

発行所　株式会社　朝　倉　書　店

東京都新宿区新小川町6-29

郵便番号　162-8707

電　話　03（3260）0141

FAX　03（3260）0180

http://www.asakura.co.jp

〈検印省略〉





中央印刷・渡辺製本

ISBN 978-4-254-29026-4　C 3050　Printed in Japan